U0315943

铜金属配合物设计
及催化交叉偶联反应研究

邢 正 著

本书数字资源

北 京

冶 金 工 业 出 版 社

2024

内 容 提 要

本书内容包括异相催化 C—X 键交叉偶联反应方法的研究现状、贵金属催化剂的应用以及铜金属配合物在交叉偶联反应催化领域的应用等；介绍了以不同氮杂环化合物 1,4-二氮杂二环［2.2.2］辛烷、2,5-二甲基哌嗪和 2,2'-联吡啶为有机配体与铜金属配位设计合成的三个系列铜金属配合物，及其作为催化剂应用于 C—C 键、C—P 键、C—N 键形成的交叉偶联反应研究；探讨了不同配合物结构对催化效果的影响，提出催化反应机理，为设计新型偶联反应催化剂提供经验；结合中试反应数值模拟，进行交叉偶联化学反应的绿色化评价，为从源头减少反应污染废弃物排放提供参考。

本书可供催化剂材料及化学化工等领域的科研人员和工程技术人员参考，也可以作为高等院校相关专业本科、专科及研究生的教材或教学参考书。

图书在版编目（CIP）数据

铜金属配合物设计及催化交叉偶联反应研究／邢正著. -- 北京 ：冶金工业出版社，2024. 10. -- ISBN 978-7-5240-0001-3

Ⅰ. TQ261. 2

中国国家版本馆 CIP 数据核字第 2024SM0484 号

铜金属配合物设计及催化交叉偶联反应研究

出版发行	冶金工业出版社	电　　话	（010）64027926
地　　址	北京市东城区嵩祝院北巷 39 号	邮　　编	100009
网　　址	www. mip1953. com	电子信箱	service@ mip1953. com

责任编辑　于昕蕾　王雨童　美术编辑　彭子赫　版式设计　郑小利
责任校对　郑　娟　责任印制　窦　唯
北京印刷集团有限责任公司印刷
2024 年 10 月第 1 版，2024 年 10 月第 1 次印刷
710mm×1000mm　1/16；10.5 印张；202 千字；159 页
定价 78.00 元

投稿电话　（010）64027932　投稿信箱　tougao@cnmip. com. cn
营销中心电话　（010）64044283
冶金工业出版社天猫旗舰店　yjgycbs. tmall. com
（本书如有印装质量问题，本社营销中心负责退换）

前　　言

　　交叉偶联反应是偶联反应中一类重要的反应，是两个不同化学实体（或单位）结合生成一个分子的有机化学反应。交叉偶联反应已用于苯乙烯衍生物的工业规模化生产，同时也是合成非对称联芳最经济、方便的方法。铜金属配合物具有丰富多变的配位结构和配位环境易于设计的特征，能够形成种类繁多的单核或多核铜金属配合物，常被用作特殊有机化学反应的催化剂。由于铜金属配合物具有易于制备和回收、结构可调控、成本低廉等特点，其作为新型高效催化剂在交叉偶联反应中具有很好的应用前景。

　　作者多年来围绕铜金属配合物开展研究工作，以多种前驱配体为基础设计制备了不同种类的铜金属配合物，并将其应用于交叉偶联反应。本书分为 5 章：第 1 章对几类交叉偶联反应的研究进展、环境污染问题、铜金属配合物的配位形式与催化机理等进行了概述；第 2 章介绍了基于 1,4-二氮杂二环［2.2.2］辛烷构筑的铜配合物的设计制备及其催化性能；第 3 章介绍了基于反式-2,5-二甲基哌嗪构筑的铜配合物的设计制备及其催化性能；第 4 章介绍了基于 2,2'联吡啶和三苯基膦构筑的铜配合物的设计制备及其催化性能；第 5 章介绍了以碘苯和苯乙炔为例进行的交叉偶联中试反应数值模拟和反应绿色化评价。

　　本书在编写过程中参考了有关文献资料，在此向有关作者和工作在相关领域最前沿的优秀科研人员致以诚挚的谢意，感谢他们对铜金属配合物在交叉偶联反应催化领域做出的巨大贡献。

随着交叉偶联反应工艺的不断发展，书中的研究方法和结论也有待更新和更正。由于作者能力和水平有限，如有疏漏之处，敬请读者批评指正。

邢　正

2024 年 4 月

目　　录

1 绪 论

1.1 引 言

在众多的化学反应中，交叉偶联反应是合成不对称烃，特别是单烷基芳烃和含有三级碳原子链烃的有效方法。该反应的应用非常广泛，从天然产物合成到复杂医药中间体，乃至功能材料等多个领域。

催化剂作为交叉偶联反应的活性中心，"吸引"不同底物向其靠近，各底物以活性中心为反应平台，相互链接完成"偶联"。此方式无须过度激活底物，因而副产物相对较少，"偶联"更加精确高效。在过去三十年间，研究者们以这一思维方式，将钯金属作为交叉偶联反应的催化剂，许多 C—C 键和 C—杂环键的构建得以实现[1]。然而，铜作为交叉偶联经典 Ullmann 化学反应的催化剂，其用于构建 C—N 键、C—S 键、C—O 键以及一些其他形式化学键的研究已有一百多年历史[2]。Gilman 试剂在 C—C 键的合成中也有极好的效果[3-4]。在发现钯可以催化交叉偶联反应后，即便钯催化有着先天的缺点，铜的受重视程度仍直线下降，使得 Ullmann 反应和 Goldberg 反应所用的铜金属催化剂也被钯催化剂代替，并把过去的合成方法视为新方法中批评与对照描述的例子。但多年研究证明，铜是不易被抛弃的优良催化剂，因此，采用铜催化交叉偶联反应的研究热度呈现稳定增长[5-6]。此外，尽管交叉偶联反应在生命科学和材料工业领域具有很高的应用价值，但反应在高温、强碱条件下多发生自偶联反应，产生反应转化率低、废弃副产物多、底物适应性差等问题，使得交叉偶联反应无法充分发挥其潜力[7-12]。因此，进一步开发以铜为活性中心的催化剂，是降低成本、提升反应绿色化程度、充分发挥交叉偶联作用所迫切需要的关键步骤。

1.2 以铜为活性中心构建 C—X 键芳基化合物的研究进展与环境问题

近十几年，关于 Cu(Ⅰ) 与配体组成的催化体系对交叉偶联反应的催化研究备受关注，2017 年 Bhunia 课题组[13]对一些已报道的二齿配体与 Cu(Ⅰ) 配位形成配合物，催化 C—N 键、C—S 键、C—O 键和 C—C 键形成的方法和条件进行了总结，并通过实验推论出可能的反应机理，并对该领域的发展作出了展望。本书对 Cu(Ⅰ/Ⅱ) 盐及其配合物催化卤代芳烃进行 C—N 键、C—P 键和 C—C 键的构建的研究进行阶段性总结，为科研的展开提供可靠的理论基础和实验依据。

1.2.1　构建 C—N 键芳基化合物的研究进展

铜配合物催化的 N-亲核试剂与卤代芳烃的芳基化反应是非常有价值的转变反应，已广泛应用于重要药物领域和材料科学领域。然而，在相当长的一段时间里，该反应都受到高温、强碱和用铜量大等条件的限制。自 20 世纪 90 年代末以来，众多配体的使用，特别是 N,N-二齿配体、N,O-二齿配体和 O,O-二齿配体，已经被科研人员证实可以有效地促进这些铜催化的芳基化反应。在这些配体的协助下，铜催化的大多数 N-亲核试剂的芳基化反应可以在相对温和的条件下进行，铜盐的用量也大大减少。这些优势不仅使经典的 Ullmann 反应和 Goldberg 反应催化范围更加广泛，也使得一些对高温、强碱敏感的底物可以进行芳基化反应。

1998 年，Ma 课题组[14]采用 CuI 为催化剂，K_2CO_3 为碱，以 α-氨基酸对映异构体、卤代芳烃为底物，经交叉偶联反应合成出一系列 N-芳基-α-氨基酸化合物，其反应条件相对于经典 Ullmann 反应更加温和。研究证实：氨基酸结构中体积较大的疏水基团可促使产率大幅提高，部分可达 92%，且大部分产物没有外消旋。2001 年，Ma 课题组[15]采用 CuI 为催化剂，K_2CO_3 为碱，以 β-氨基酸和 β-氨基酯、卤代芳烃为底物，在 100 ℃反应温度下合成得到一系列 N-芳基-β-氨基酸化合物。实验证实 β-氨基酸的结构有助于芳烃的氨基化反应，同时该合成路线可以应用于一种受体拮抗剂的研制（图 1-1）。

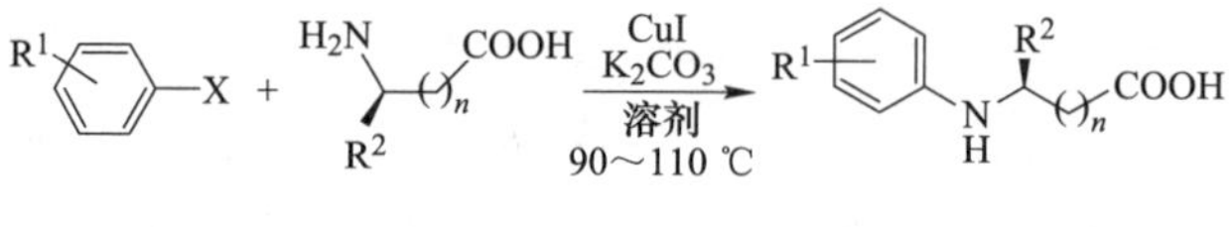

图 1-1　Cu(Ⅰ) 催化 α(β)-氨基酸的 N-芳基化交叉偶联

随后，Ma 课题组[16-17]采用 CuI 为催化剂，K_2CO_3 为碱，N-甲基甘氨酸或 L-脯氨酸为配体，先后报道了伯胺、仲胺与卤代芳烃的偶联反应以及碘代芳烃与几个含氮杂环化合物的偶联反应（图 1-2）。

伯胺、仲胺与卤代芳烃的偶联反应是在 40~90 ℃较为温和的反应温度下，合成得到一系列 N-芳香胺和 N,N-二芳基胺化合物，部分产物产率达 80% 以上；碘代芳烃与几个含氮杂环化合物则在 80~90 ℃反应温度下高产率地合成出 N-芳基吡咯、N-芳基吲哚、N-芳基咪唑和 N-芳基吡唑。

2005 年，Zhang 课题组[18]采用 CuI 为催化剂，K_2CO_3 为碱，N-甲基甘氨酸、L-脯氨酸或 N,N-二甲基甘氨酸为配体，分别在 40 ℃反应温度下催化脂肪胺与碘代苯偶联，60~90 ℃反应温度下催化链状脂肪胺、脂环族胺与卤代苯偶联，75~90 ℃反应温度下催化吲哚、吡咯、咔唑、咪唑、吡唑代碘代芳烃偶联反应。证

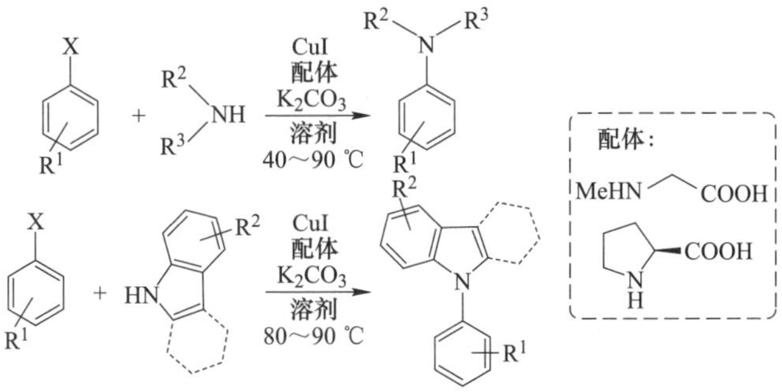

图 1-2 Cu(Ⅰ) 催化伯胺、仲胺和含氮杂环的 N-芳基化交叉偶联

实了 N-甲基甘氨酸、L-脯氨酸或 N,N-二甲基甘氨酸作为配体，在这些偶联反应中起到了积极的促进作用（图 1-3）。

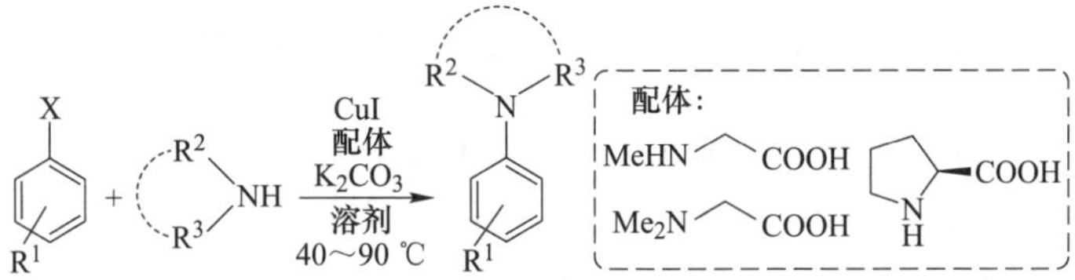

图 1-3 Cu(Ⅰ) 催化脂肪胺、脂环族胺的 N-芳基化交叉偶联

2009 年，Yang 课题组[19]采用 CuI 为催化剂，在可溶性有机离子碱的辅助下，室温下催化卤化芳基和多种胺类化合物进行 C—N 交叉偶联反应（图 1-4）。

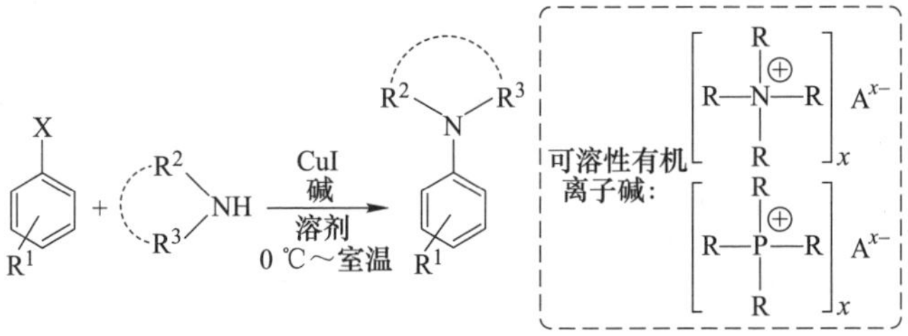

图 1-4 可溶性有机离子碱辅助 Cu(Ⅰ) 催化多种胺的 N-芳基化交叉偶联

2006 年，Guo 课题组[20]采用 CuI 为催化剂，K$_2$CO$_3$ 为碱，派可林酸为配体，110 ℃反应温度下催化芳香胺、脂肪胺、吲哚、咪唑分别与卤代芳烃进行 C—N 交叉偶联反应。证实了该催化体系可以广泛应用于含氮化合物的 N-芳基化反应（图 1-5）。

2003 年，Kwong 课题组[21]采用 CuI 为催化剂，K$_3$PO$_4$ 为碱，水杨酰胺二乙酯为配体，90 ℃反应温度下催化烷基胺与卤代芳烃进行 C—N 交叉偶联反应（图 1-6）。

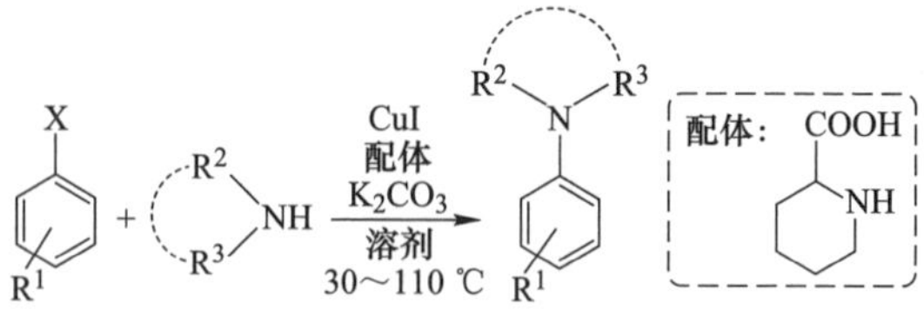

图 1-5　Cu(Ⅰ) 催化芳香胺和脂肪胺的 N-芳基化交叉偶联

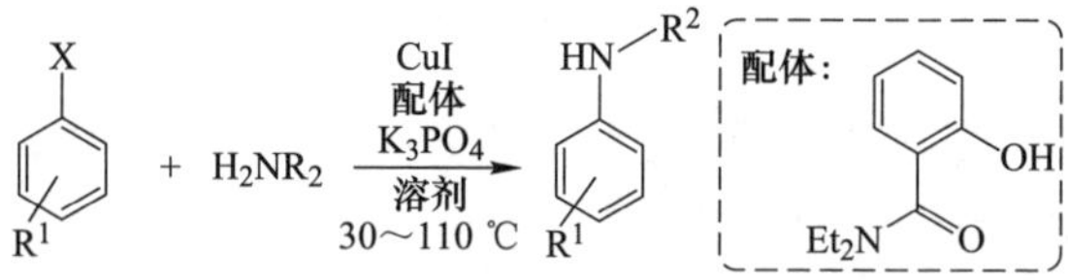

图 1-6　Cu(Ⅰ) 催化烷基胺类化合物的 N-芳基化交叉偶联

2006 年，Shafir 课题组[22]采用 CuI 为催化剂，Cs_2CO_3 为碱，二叔戊酰甲烷、2-乙酰基环己酮、2-丙酰基环己酮、2-异丁酰基环己酮、2-亚氨代乙酰基环己酮为配体，室温下催化多种胺类化合物与卤代芳烃进行 C—N 交叉偶联反应（图 1-7）。结果表明：上述配体对催化反应促进作用明显，而且反应大多在 2～4 h 完成，这一催化体系可以很好地作为钯的替代品，催化脂肪族胺选择性 N-芳基化反应。

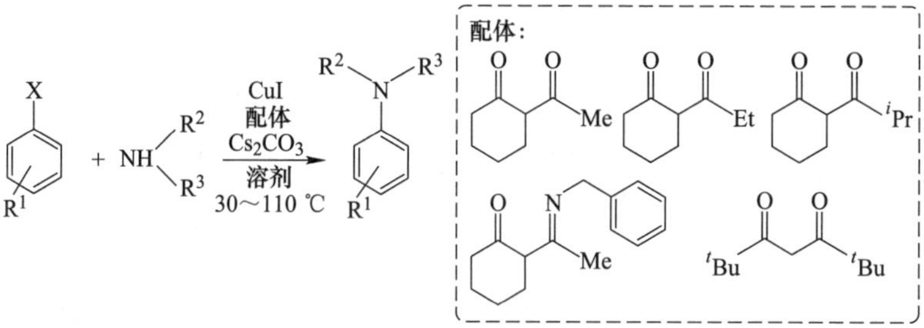

图 1-7　酮类化合物辅助 Cu(Ⅰ) 催化多种胺的 N-芳基化交叉偶联

2007 年，Shafir 课题组[23]以 CuI 为催化剂，Cs_2CO_3 为碱，分别以 2-异丁酰基环己酮和 3,4,7,8-四甲基-1,10-邻二氮杂菲为配体，催化碘代芳烃和链状脂肪胺进行交叉偶联反应（图 1-8）。结果表明：以 2-异丁酰基环己酮为配体可选择性催化 C—N 交叉偶联，而以 3,4,7,8-四甲基-1,10-邻二氮杂菲为配体可选择性催化 C—O 交叉偶联。

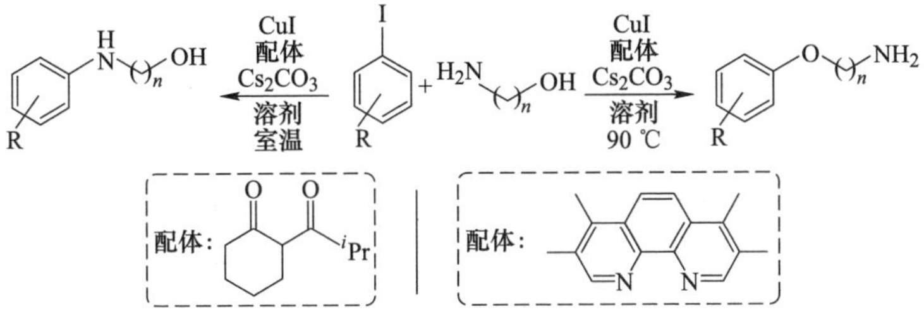

图 1-8 Cu(Ⅰ) 选择性催化胺类的 N-芳基化交叉偶联

2008 年，Altman 课题组[24]采用 CuI 为催化剂，K_3PO_4 为碱，2-羧基吡咯为配体，80~100 ℃反应温度下催化苯胺类化合物与溴代芳烃、碘代芳烃进行偶联反应（图 1-9）。研究表明：该体系催化剂可以催化得到产率较高的二芳基胺类化合物。

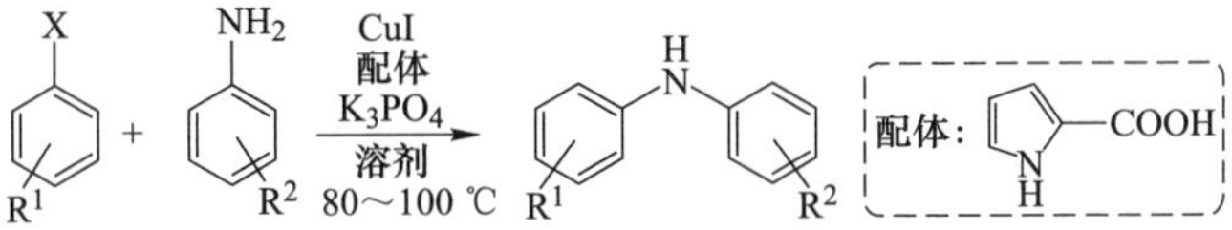

图 1-9 Cu(Ⅰ) 催化苯胺类物质的 N-芳基化交叉偶联

Zhu 课题组[25-28]采用外消旋联萘酚作为配体，与 Cu/CuI/CuBr 组成催化体系，先后于 90 ℃反应温度下催化卤代芳烃与含 N—H 键杂环化合物的偶联反应、室温下催化脂肪胺的 N-芳基化反应、以 2-卤代苯甲酸衍生物为底物的邻位取代反应，以及催化分子内的 C—N 交叉偶联反应（图 1-10）。结果表明：外消旋联萘酚作为配体表现出了很好的稳定性、高效的促进作用及良好的对映选择性。

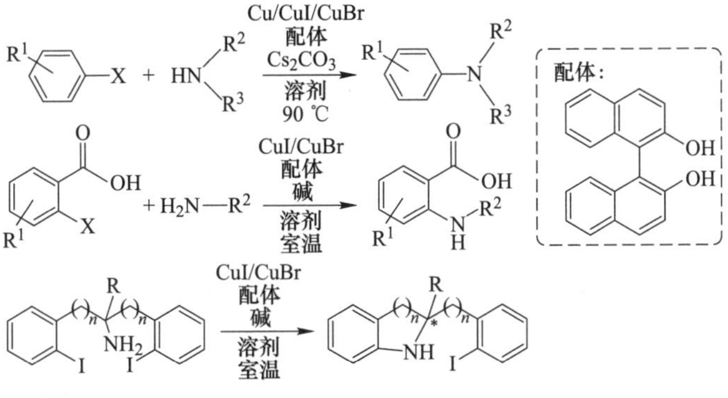

图 1-10 Cu 催化含氮杂环和脂肪胺的 N-芳基化交叉偶联

Lu 课题组[29-31]采用 N,N-二甲基乙醇胺作为配体，分别与 Cu 粉、CuI、Cu 粉和 CuI 组成催化体系，先后催化碘代芳烃和溴代芳烃与伯、仲胺类化合物的偶联

反应，对二碘代苯与含 N—H 键杂环化合物的偶联反应，以及溴代噻吩与伯、仲
胺类化合物的偶联反应（图 1-11）。

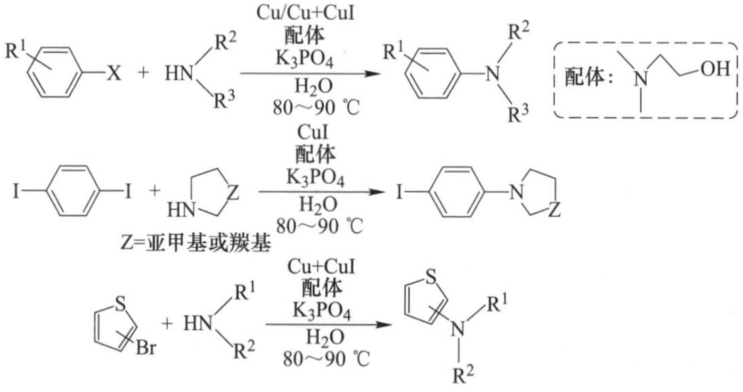

图 1-11　Cu 催化多类型胺的 N-芳基化交叉偶联

结果表明：N,N-二甲基乙醇胺既作为配体又作为溶剂时，在与 CuI 组成催化
体系的条件下，对二碘代苯的胺基化偶联选择性较好，且体系反应温度较为温
和；在 Cu 粉和 CuI 共同与 N,N-二甲基乙醇胺组成催化体系时，以水为溶剂，对
氨基酸和氨基醇类化合物的单取代芳基化偶联选择性较好。

2005 年，Deng 课题组[32] 报道了一系列磺酰胺类化合物的 N-芳基化反应（图
1-12），其中总结出，K_3PO_4 为碱，DMF 为溶剂，N-甲基化甘氨酸作为配体与
CuI 组成催化体系，可以催化卤代芳烃与磺酰胺类化合物进行芳基化偶联反应；
而 N,N-二甲基甘氨酸作为配体与 CuI 组成催化体系，可以催化碘代芳烃与酰胺
类化合物进行芳基化偶联反应。

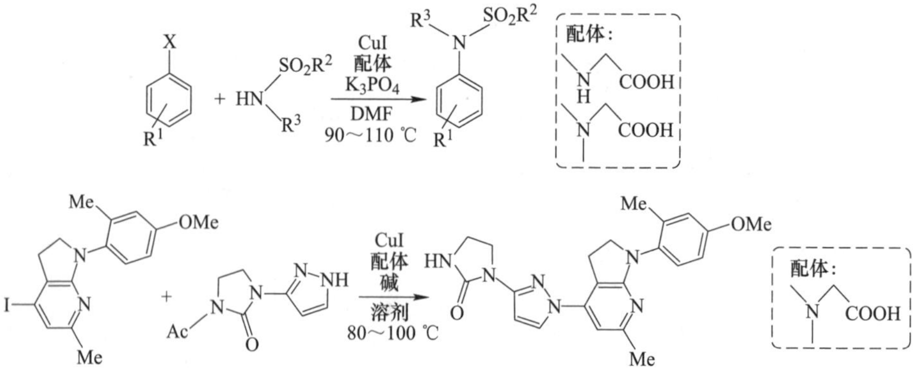

图 1-12　Cu(Ⅰ) 催化磺酰胺的 N-芳基化交叉偶联

2010 年，Ribecai 课题组[33] 在进行慢性肾功能衰竭拮抗剂的中试规模实验
中，采用 N,N-二甲基甘氨酸作为配体与 CuI 组成催化体系，并成功合成出

100 kg 慢性肾功能衰竭拮抗剂。

1999 年，Goodbrand 课题组[34]报道了以 1,10-邻二氮杂菲为配体，与 CuCl 组成催化体系，可显著降低反应温度，尤其对芳基胺类化合物双芳基化反应中的作用更为明显，而三芳基胺类化合物的合成条件一直苛刻，其产率也不乐观。2001年，Gujadhur 课题组[35]同样采用 1,10-邻二氮杂菲为配体，与 CuCl/CuBr 组成催化体系，在较为温和的条件下，合成出一系列三芳基胺类化合物（图 1-13）。

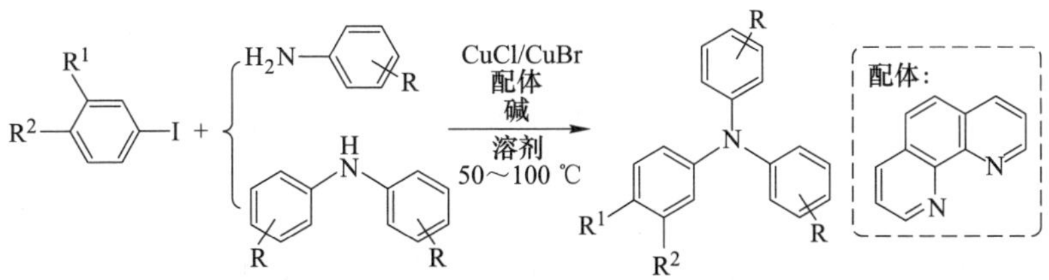

图 1-13 Cu(Ⅰ) 催化芳基胺的 N-芳基化交叉偶联

2001 年，Wolter 课题组[36]报道了以 1,10-邻二氮杂菲为配体，与 CuI 组成催化体系，以较为便捷的方法合成了 N-芳基化的酰肼类化合物，结果验证了以对位、间位碘代芳烃为底物时，C—N 交叉偶联发生在 NH—位，而以邻位碘代芳烃为底物时，C—N 交叉偶联发生在 NH₂—位。2008 年，Jones 课题组[37]报道了羟胺类化合物的一种有效合成方法，同样是采用 1,10-邻二氮杂菲为配体，与 CuI 组成催化体系。此外，作者还对如何利用该催化体系制备该类药物提出了展望（图 1-14）。

图 1-14 Cu(Ⅰ) 催化酰肼和羟胺的 N-芳基化交叉偶联

2018 年，Li 课题组[38]同样以 1,10-邻二氮杂菲为配体，与 CuI 组成催化体系，以碘代芳烃和烯胺为底物，通过 C—N 交叉偶联和分子内交叉脱氢偶联过程，合成得到吲哚化合物。2019 年，Cui 课题组[39]以相同的催化体系，通过 1,8-二碘代萘分别与 2-巯基苯并咪唑、2-硫脲嘧啶反应，合成得到结构复杂的咪唑苯并噻嗪和嘧啶酮苯并噻嗪的衍生物。2019 年，Shaik 课题组[40]以相同的催化体系，通过分子内合环，促进了一系列苯并咪唑化合物的合成。

Altman 课题组[41-42]以 1,10-邻二氮杂菲衍生物 4,7-二甲氧基-1,10-邻二氮杂菲为配体，与 Cu$_2$O 组成催化体系，以丁腈或甲基吡咯烷酮为溶剂，催化咪唑类化合物的 N-芳基化偶联反应（图 1-15），得到了较为理想的实验结果。

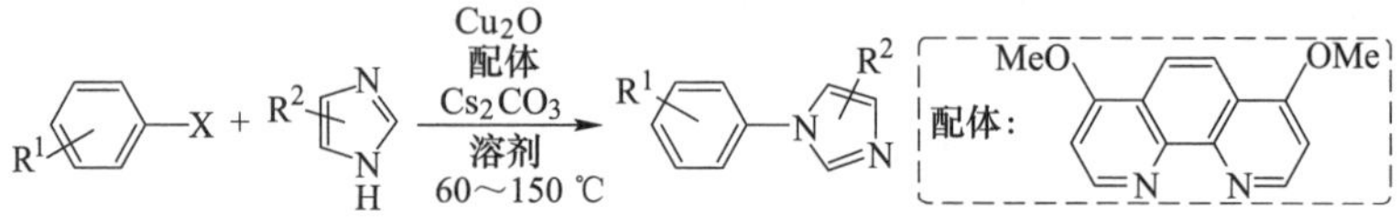

图 1-15　Cu(Ⅰ) 催化咪唑衍生物的 N-芳基化交叉偶联

2009 年，Phillips 课题组[43]报道了以二甲基乙二胺为配体，与 CuI 组成催化体系，催化酰胺类化合物进行交叉偶联，并用氟化铯代替 K$_2$CO$_3$、K$_3$PO$_4$ 和 Cs$_2$CO$_3$，其中一部分反应可在室温下进行，并有较好的产率。2010 年，Ghinet 课题组[44]采取相同的催化体系，对甲基焦谷氨酸进行了 N-芳基化的交叉偶联催化，其催化产物有望在抗氧化特性上有一定贡献。2012 年，Kukosha 课题组[45]也采用相同的催化体系，催化 O-烷基化异羟肟酸化合物进行 N-芳基化交叉偶联反应，得到 O-烷基化-N-芳基化的异羟肟酸化合物（图 1-16）。

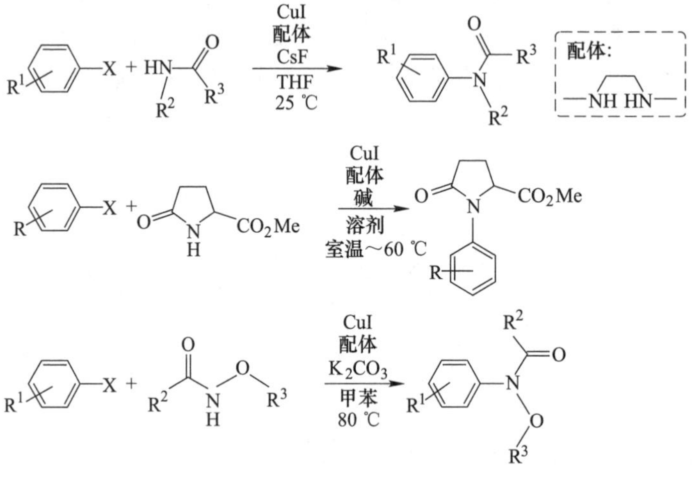

图 1-16　Cu(Ⅰ) 催化酰胺、甲基焦谷氨酸、异羟肟酸的 N-芳基化交叉偶联

2002 年，Crawford 课题组[46-47]报道了以二甲基乙二胺为配体，与 CuI 组成催化体系，以 K$_2$CO$_3$ 或 K$_3$PO$_4$ 为碱，催化卤代呋喃、卤代噻吩类化合物的酰胺化交叉偶联反应（图 1-17），得到 2-位、3-位被取代的氨基化呋喃和噻吩，并且产率最高可达 90% 以上。

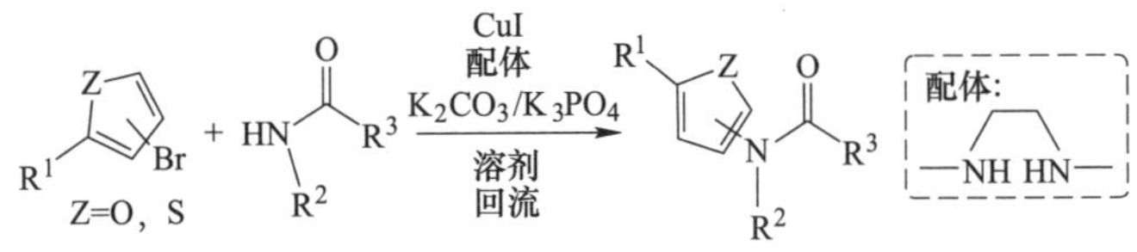

图 1-17 Cu(Ⅰ) 催化卤代呋喃、卤代噻吩类化合物的酰胺化交叉偶联

2008 年，Hosseinzadeh 课题组[48]采用二苄基乙二胺为配体，与 CuI 组成催化体系，以 KF 或 Al₂O₃ 为碱，催化苯脲与碘代芳烃的交叉偶联反应，得到了相对高产的对称和不对称二芳基脲化合物（图 1-18）。

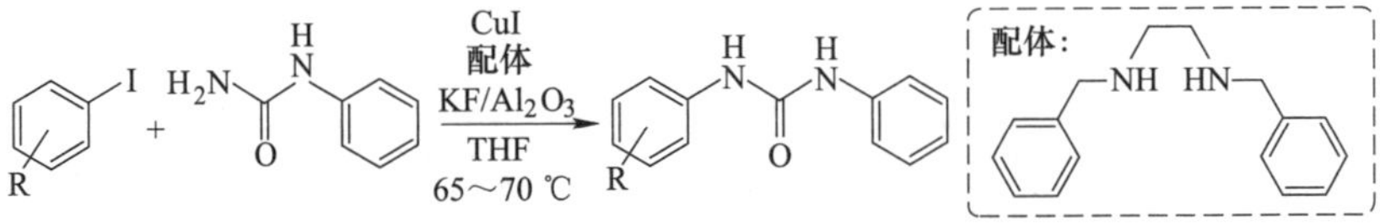

图 1-18 Cu(Ⅰ) 催化苯脲与碘代芳烃的 C—N 交叉偶联

Antilla 课题组[49-50]报道了 CuI 与反式-1,2-环己二胺、反式-N,N'-二甲基-1,2-环己二胺、N,N'-乙二胺、N,N'-二甲基-乙二胺分别组成催化体系，催化吡咯、吡唑、吲哚、咪唑、三氮唑系列化合物的 N-芳基化交叉偶联反应（图 1-19），结果显示：在该体系反应条件下，该催化体系对含有醛类、酮类、醇类、腈类等官能团的底物具有很好的保护作用，并且产物得率较高。

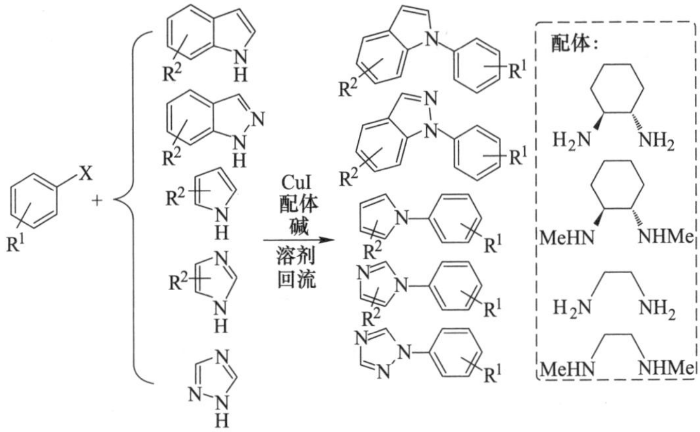

图 1-19 Cu(Ⅰ) 催化吡咯、吡唑、吲哚、咪唑、三氮唑系列化合物的 C—N 交叉偶联

Mallesham 课题组[51]报道了 CuI 与反式-1,2-环己二胺组成催化体系，催化溴代芳烃与恶唑烷酮类化合物的交叉偶联反应（图 1-20），该反应方法在合成利奈唑胺和托洛沙酮两种药物的重要中间体时得到了应用。

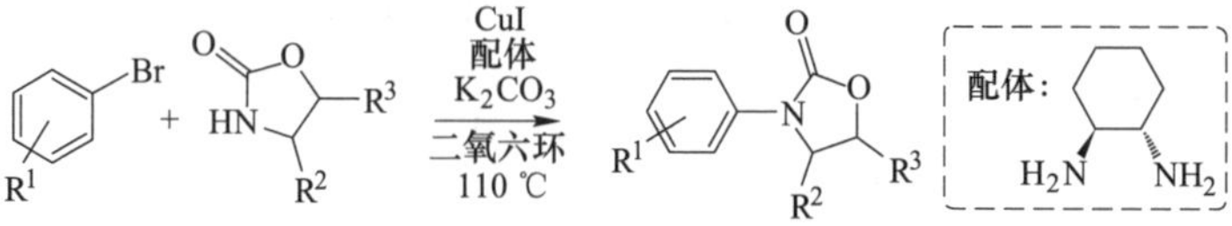

图 1-20　Cu(Ⅰ) 催化溴代芳烃与恶唑烷酮的 C—N 交叉偶联

2014 年，Kurandina 课题组[52]以溴代芳烃和水合肼为底物，采用由 CuBr 与乙二酸二酰肼衍生物组成的催化体系，以 K₃PO₄ 为碱，水为溶剂，于 80~110 ℃条件下反应制备芳基化水合肼衍生物，产率最高可达 80 %（图 1-21）。

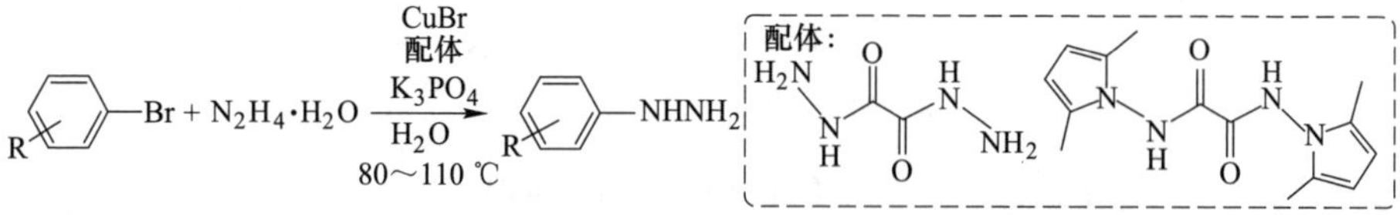

图 1-21　Cu(Ⅰ) 催化溴代芳烃与水合肼的 C—N 交叉偶联

2015 年，Zhang 课题组[53]以卤代芳烃和二甲双胍为底物，采用由 CuI 与二齿配体组成的催化体系，以 K₃PO₄、KOH 或 Cs₂CO₃ 为碱，以 THF、二氧六环、乙醇、DMSO、CH₃CN 等化合物为溶剂，于 80~100 ℃条件下反应制备芳基化的双胍类化合物衍生物，产率最高可达 90%（图 1-22）。

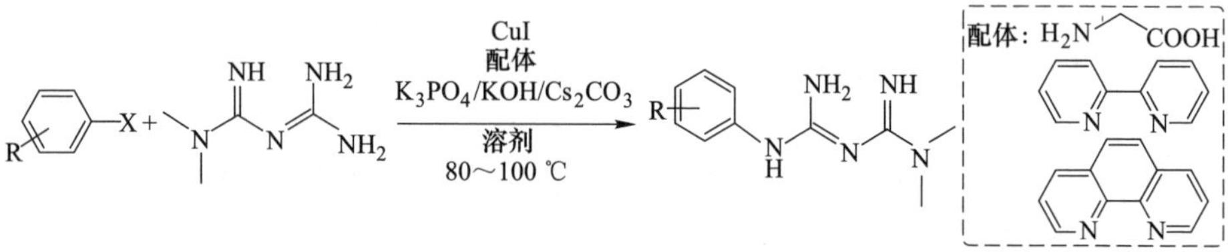

图 1-22　Cu(Ⅰ) 催化卤代芳烃与二甲双胍的 C—N 交叉偶联

2016 年，Zhang 课题组[54]报道了催化体系在没有碱和配体的情况下，仅采用 Cu(OAc)₂ 作为催化剂，催化芳基硼酸与 N-酰基吡唑的 C—N 交叉偶联反应（图 1-23）。通过实验对所选溶剂、底物配比、催化剂用量进行了探讨，但是产物产率并不理想，最高仅有 71%。

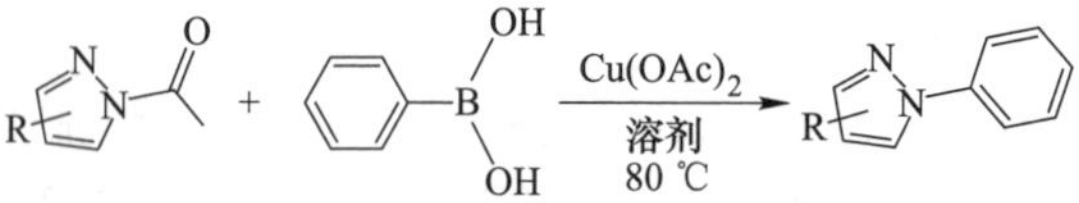

图 1-23　Cu(Ⅰ) 催化芳基硼酸与 N-酰基吡唑的 C—N 交叉偶联

2017 年，Sahoo 课题组[55]借助底物自身结构，通过螯合作用有选择性地进行 C—N 交叉偶联，该反应选取 4-二甲基氨基吡啶为配体与 Cu(OAc)₂ 组成催化体系，以 KI 为碱、二甲醚为溶剂，于室温下催化反应进行（图 1-24）。

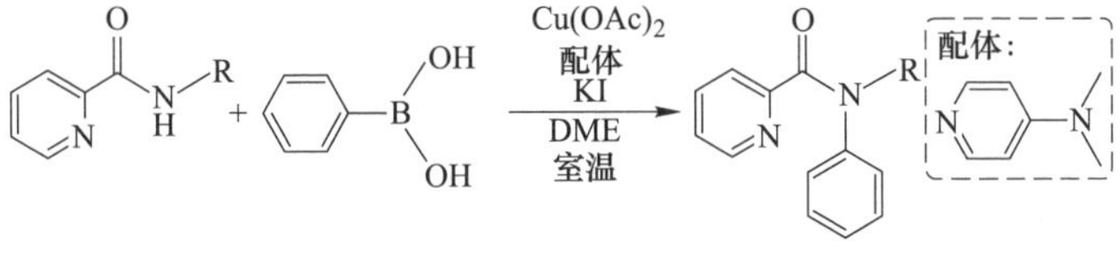

图 1-24　Cu(Ⅰ) 催化芳基硼酸与芳基化酰胺的 C—N 交叉偶联

1.2.2　构建 C—P 键芳基化合物的研究进展

近一段时间，铜催化的磷芳基化研究应运而生，与钯催化剂相比，该类催化剂更便宜、毒性更小、催化效果相当。尽管这一研究领域很有前景，但仍处于起步阶段，到目前为止，相关的机理研究还很有限。自 2003 年，通过铜盐与一些配体的整合，主要是二元胺和氨基酸作为配体的组合，被认可能够在温和的条件下进行磷的芳基化反应。

较早的关于 C—P 交叉偶联[56-58]是采用磷酸酯及磷酸酯盐类化合物与卤代芳烃进行反应得到，催化剂则为 CuBr 或 Cu(OAc)₂，催化体系反应温度较高，一般为 130 ℃以上，产率在 60%~85%（图 1-25）。

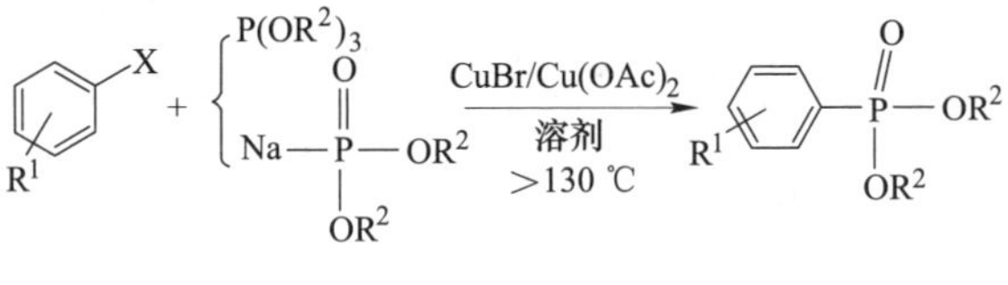

图 1-25　Cu 催化卤代芳烃与磷酸酯及其盐的 C—P 交叉偶联

2003 年，Van Allen 课题组[59]在没有配体协助的条件下，仅采用 CuI 为催化剂，甲苯为溶剂，以 Cs₂CO₃ 或 K₂CO₃ 为碱，催化二苯基膦和碘代芳烃进行交叉偶联反应，于 110 ℃条件下经 18~24 h 反应后得到了一系列目标产物（图 1-26）。

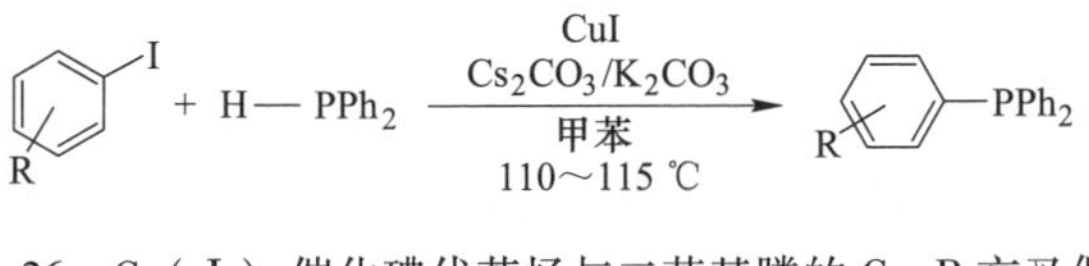

图 1-26　Cu(Ⅰ) 催化碘代芳烃与二苯基膦的 C—P 交叉偶联

单独以 CuI、CuBr 或 Cu (OAc)₂ 为催化剂会大大限制底物的类型。因此，众多科研人员采用了添加配体作为促进剂的方法，极大地丰富了目标产物的类型，拓宽了催化体系的应用范围。

  N，N'-二甲基-乙二胺是被较多采用的配体之一，它配合 CuI 组成的催化体系催化了众多的 C—P 交叉偶联反应。如 2003 年，Gelman 课题组[60]报道的卤代芳烃与二芳基膦或二烷基膦的交叉偶联反应和卤代烯烃与二芳基膦或二烷基膦的交叉偶联反应，在 N，N'-二甲基-乙二胺与 CuI 组成的催化体系下都有较好的产率（图 1-27）。

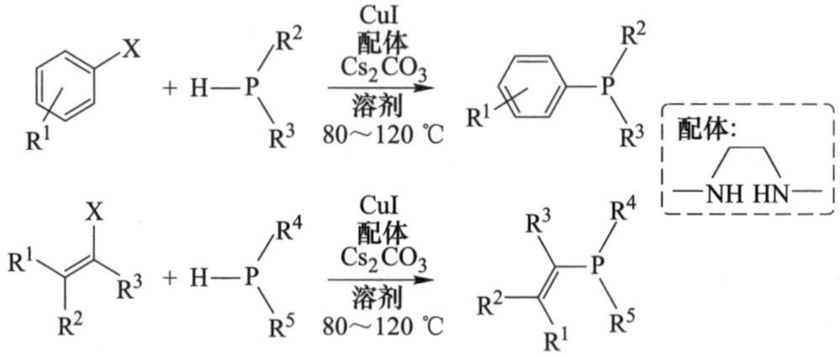

图 1-27　Cu(Ⅰ) 催化卤代芳烃与二芳基膦、二烷基膦的 C—P 交叉偶联

  N，N'-二甲基-乙二胺与 CuI 组成的催化体系在催化膦基恶唑啉的合成过程中同样有较好的催化表现，Tani 课题组[61]和 McDougal 课题组[62]分别采用该催化体系合成了一系列的膦基恶唑啉衍生物（图 1-28）。

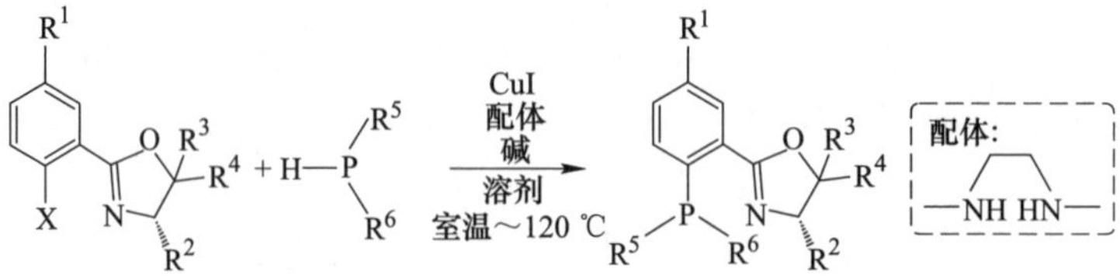

图 1-28　Cu(Ⅰ) 催化卤代恶唑啉与二芳基膦、二烷基膦的 C—P 交叉偶联

  2012 年，Li 课题组[63]在对氧化磷化氢进行选择性还原制备膦类化合物时，采用了由 N，N'-二甲基-乙二胺与 CuI 组成的催化体系，以卤代芳烃或卤代 N-杂芳烃为底物，合成了众多膦系列化合物（图 1-29）。

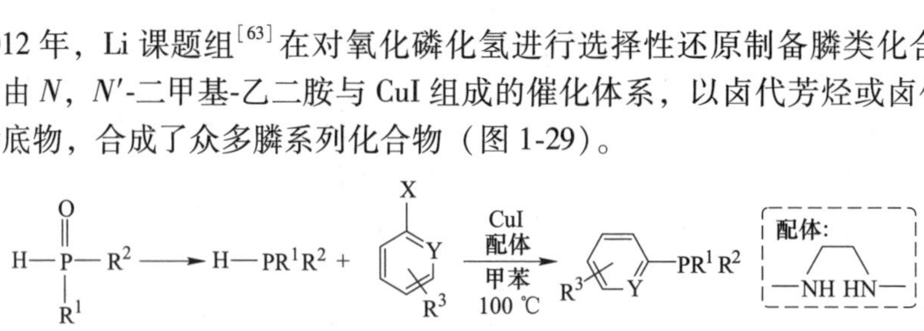

图 1-29　Cu(Ⅰ) 催化卤代芳烃、卤代 N-杂芳烃与氧化磷化氢的 C—P 交叉偶联

  脯氨酸、派可林酸和吡咯烷-2-磷酸苯酯分别与 CuI 组成催化体系也可对 C—P 键的交叉偶联反应起到催化作用[64-65]，可有效催化有机磷化合物进行芳基化交叉偶联反应（图 1-30），得到芳基膦酸酯、芳基亚膦酸盐和芳基膦氧化物等一系列化合物。

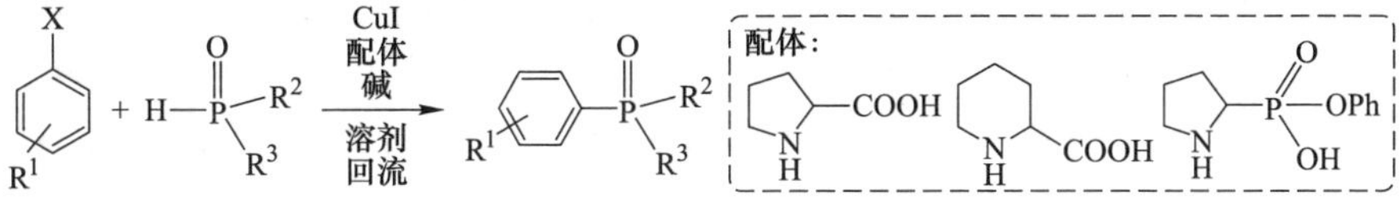

图 1-30　Cu(Ⅰ) 催化卤代芳烃与有机磷的 C—P 交叉偶联

2008 年，Jiang 课题组[66]报道了以脯氨酸衍生物 *N*-甲基吡咯烷-2-酰胺作为配体，与 CuI 组成催化体系，催化 2-卤代乙酰苯胺类化合物与氧化磷化氢或亚磷酸盐分别进行 C—P 交叉偶联反应（图 1-31），在 50～60 ℃条件下得到一系列乙酰苯胺类化合物，且有较高的产率。

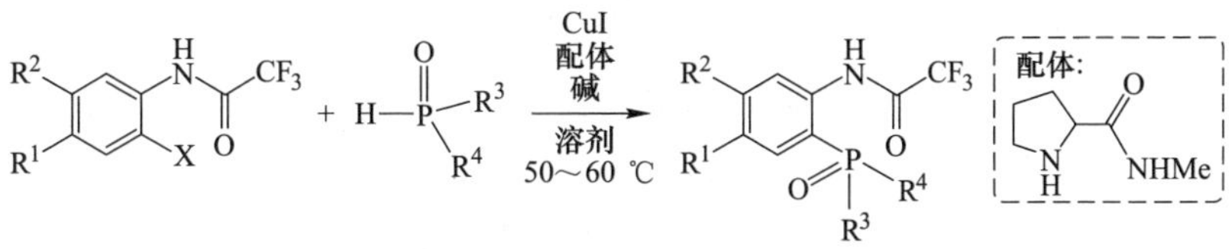

图 1-31　Cu(Ⅰ) 催化 2-卤代乙酰苯胺与氧化磷化氢、亚磷酸盐的 C—P 交叉偶联

2013 年，Stankevič 课题组[67]以苯乙胺为配体，与 CuI 组成催化体系，催化二级氧化磷化氢与卤代芳烃或卤代杂环芳烃进行交叉偶联反应（图 1-32），得到 22 个新颖的三级氧化芳基膦酸化合物，且反应产率最高可达 99%。

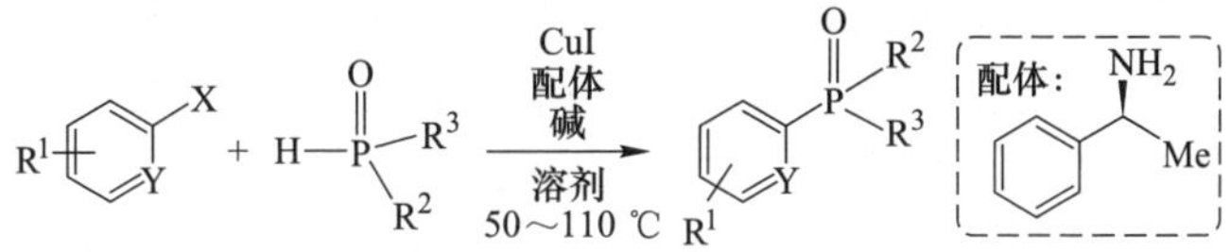

图 1-32　Cu(Ⅰ) 催化氧化磷化氢与卤代芳烃及杂环芳烃的 C—P 交叉偶联

多种二齿配体，如联吡啶、1,10-邻二氮杂菲、1-甲基-1*H*-咪唑、四甲基乙二胺、苯偶姻肟、水杨醛肟、水杨醛苯腙都被报道[68]可以与 CuI 组成催化体系，催化碘代芳烃与二乙基膦酸酯进行交叉偶联反应（图 1-33）。特别是 1,10-邻二氮杂菲在众多二齿配体中有更为高效的催化效果，大部分产物产率达 90%以上。

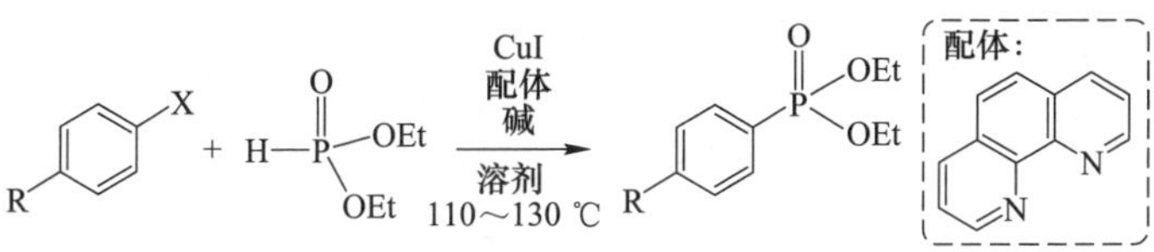

图 1-33　Cu(Ⅰ) 催化碘代芳烃与二乙基膦酸酯的 C—P 交叉偶联

2016 年，Chen 课题组[69] 采用去羧基化的方式，以芳基丙炔酸和二烷基肼酰膦酸盐为底物，在 CuSO₄、CuI、CuO 等铜盐的催化作用下，得到一系列膦酸的链炔基化衍生物（图 1-34）。该体系多以吡啶、K₂CO₃ 等化合物为碱，以 DMF、甲苯、CH₃CN 或二氧六环为溶剂。

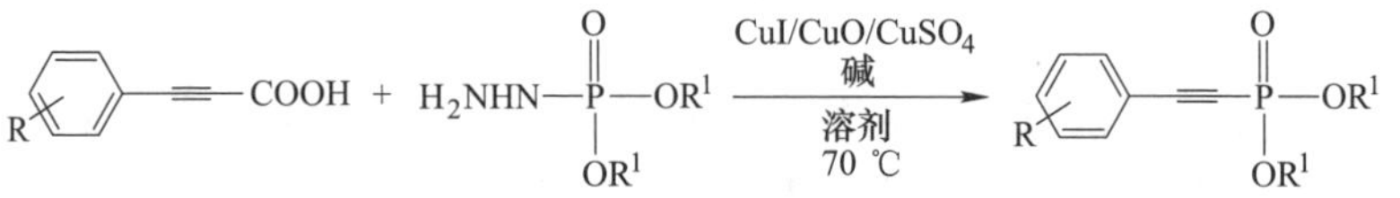

图 1-34　Cu 催化芳基丙炔酸与二烷基肼酰膦酸盐的 C—P 交叉偶联

1.2.3　构建 C—C 键芳基化合物的研究进展

芳香化合物的亲核取代反应是形成新的 C—C 键的一个重要方法，一系列的合成方法已经被科研人员所熟知，这一领域的逐渐演变也很好地印证了现代有机化学的发展。近三十年，钯催化的反应大量被科研人员发现并应用，但是由于钯的价格过高，毒性又较大，以及需要参与催化反应的配体又过于复杂，使得铜催化的偶联反应研究得到进一步的重视。传统的铜催化偶联反应条件较为苛刻，但近十几年的研究发现，在一些反应条件下，已可以实现在温和的反应体系下进行铜催化偶联反应，且效果良好。

1.2.3.1　C-芳基化反应

在 Ullmann 偶联反应发现后三十几年，Hurtley 发现了卤代芳烃与氢碳酸在碱和铜或铜盐存在下进行偶联[70]。在经典 Hurtley 反应中，一些缺点限制了反应的可适应性，如卤代芳烃必须要活化才能得到高产率，需要在毒性大的不挥发惰性溶剂中进行，以及需要大量的铜盐作为催化剂。即便有上述缺陷，仍有大量的碳酸类衍生物被作为底物进行偶联实验，虽然结果不够理想，但有些时候也可得到高产率的期望产品。

2002 年，Hennessy 课题组[71] 报道了一个可以合成 α-芳基化丙二酸酯的通用方法：以 Cs₂CO₃ 为碱，CuI 和 2-苯基苯酚组成催化体系，将碘代芳烃和丙二酸二乙酯进行交叉偶联后即可得到。该反应体系条件温和，可以适应不同取代基的碘代芳烃作为底物进行反应，是一种代替经典 Hurtley 反应的方法之一（图 1-35）。

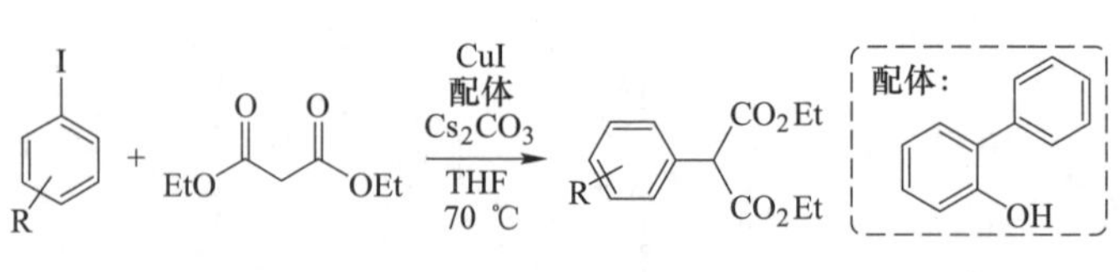

图 1-35　Cu（Ⅰ）催化碘代芳烃与丙二酸二乙酯的 C—C 交叉偶联

2004 年，Cristau 课题组[72]采用由多齿配体席夫碱 Chxn-Py-AI 和 CuI 或 Cu$_2$O 组成的催化体系，以 Cs$_2$CO$_3$ 为碱，以 THF 或 CH$_3$CN 为溶剂，于 40~70 ℃ 条件下催化合成了一系列 α-芳基化丙二酸衍生物（图 1-36）。

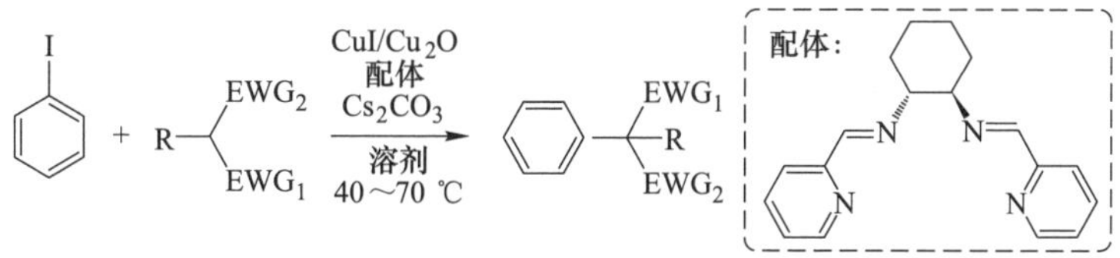

图 1-36　Cu（Ⅰ）催化碘苯与丙二酸衍生物的 C—C 交叉偶联

2009 年，Mino 课题组[73]采用由腙的衍生物与 CuI 组成的催化体系，以 K$_3$PO$_4$ 或 Cs$_2$CO$_3$ 为碱，以甲苯、DMF、DMSO 等为溶剂，于 90 ℃ 条件下催化合成了一系列 C-芳基化丙二酸二乙酯衍生物（图 1-37）。

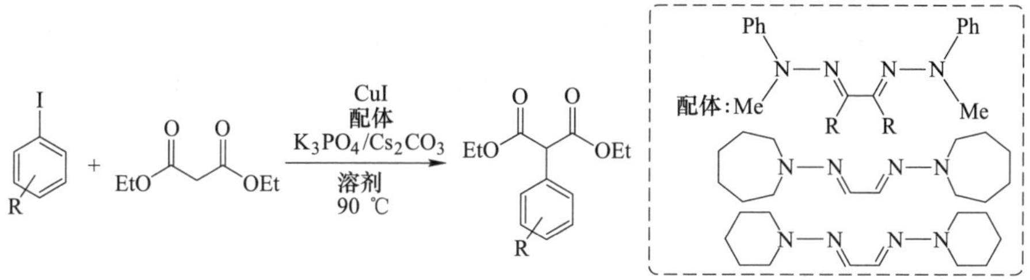

图 1-37　Cu（Ⅰ）催化碘代芳烃与丙二酸二乙酯的 C—C 交叉偶联

2005 年，Xie 课题组[74]采用由 L-脯氨酸与 CuI 组成的催化体系，以 K$_2$CO$_3$ 或 Cs$_2$CO$_3$ 为碱，DMSO 为溶剂，40~50 ℃ 条件下催化合成了一系列 C-芳基化二羰基化合物（图 1-38）。

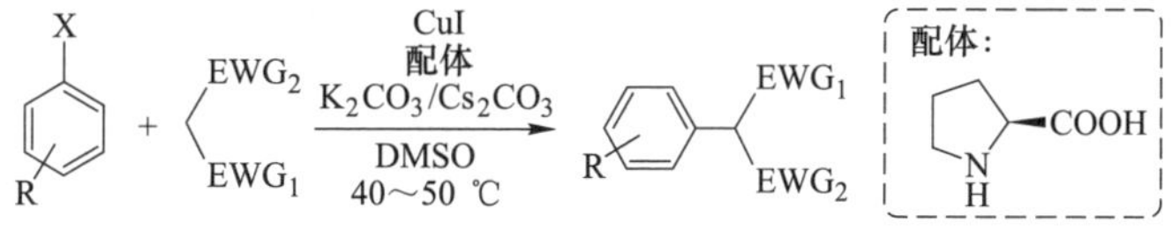

图 1-38　Cu（Ⅰ）催化卤代芳烃与二羰基化合物的交叉偶联

Xie 课题组[75-76]报道了用反式-4-羟基脯氨酸和 CuI 组成催化体系，以 DMF/H$_2$O 为溶剂，于低温 -45~-20 ℃ 条件下催化醋酸甲酯衍生物的对映选择性芳基化反应，产物产率最高可达 90% 以上（图 1-39）。

2007 年，Yip 课题组[77]采用由吡啶-2-甲酸和 CuI 组成的催化体系，以 Cs$_2$CO$_3$ 为碱，以二氧六环为溶剂，于 20 ℃ 条件下催化碘代吡啶和碘代噻吩分别与丙二酸酯衍生物进行交叉偶联反应（图 1-40），所得产率较高。

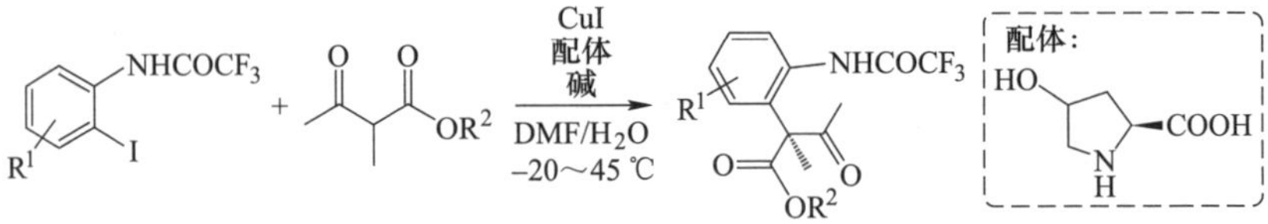

图 1-39　Cu(Ⅰ) 催化碘代芳烃与醋酸甲酯衍生物的 C—C 交叉偶联

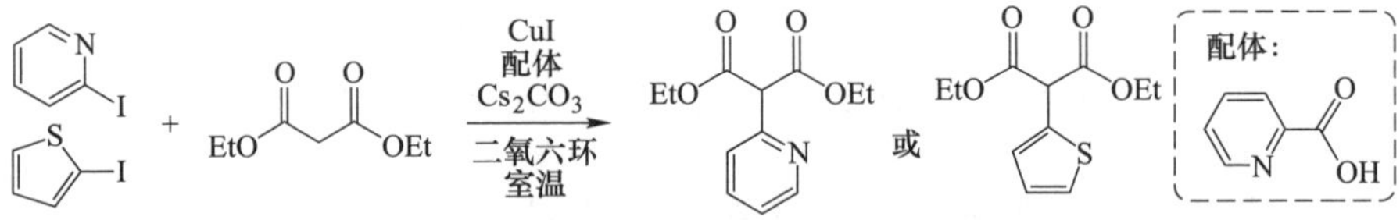

图 1-40　Cu(Ⅰ) 催化碘代吡啶、碘代噻吩与丙二酸酯的 C—C 交叉偶联

2006 年，Pei 课题组[78]采用由 L-脯氨酸和 CuI 组成的催化体系，以 Cs$_2$CO$_3$ 为碱，以 DMSO 为溶剂，于 90 ℃条件下催化含有烯丙基溴的芳烃化合物与一系列活化的亚甲基化合物进行交叉偶联反应（图 1-41），产率可达 50%～80%。

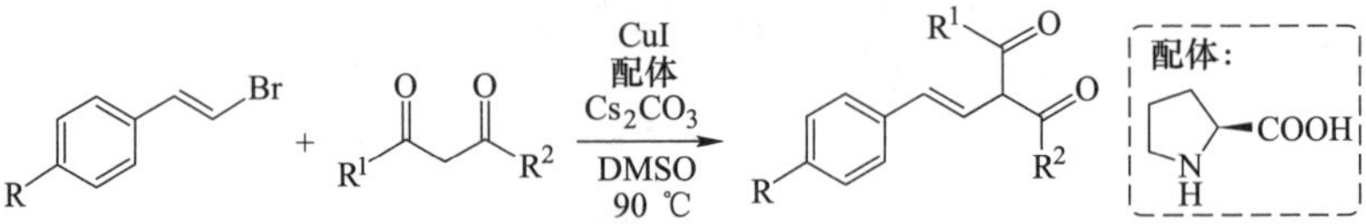

图 1-41　Cu(Ⅰ) 催化烯丙基溴衍生物与亚甲基化合物的 C—C 交叉偶联

2012 年，Danoun 课题组[79]报道了由 1,10-邻二氮杂菲等二齿配体和 CuI 组成的催化体系，其催化了一系列苄基苯基酮化合物和一系列碘代芳烃的 α-芳基化反应（图 1-42），并对溶剂、温度、碱对催化的影响进行了详细的讨论。

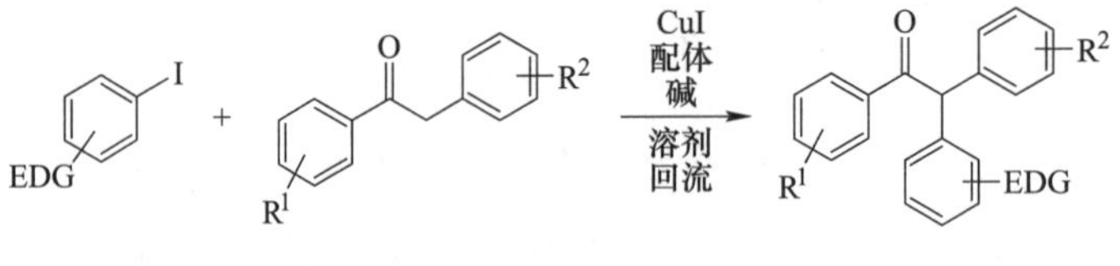

图 1-42　Cu(Ⅰ) 催化碘代芳烃与苄基苯基酮化合物的 C—C 交叉偶联

2015 年，O' Duill 课题组[80]以 2-芳基-四氟乙烯基三甲基硅烷和卤代芳烃为底物，合成了一系列四氟二芳基乙烷衍生物。碱用 AgF 代替 KF、CsF 效果较好，溶剂主要选用 DMSO，催化体系则由卤代亚铜盐和常见配体组成（图 1-43）。

1.2.3.2　氰基化反应

苯腈作为染料、除草剂、农用化学品、药品和天然产物中不可缺少的组成部分，是有机合成领域的热点。此外，氰基是转化为其他官能团的重要中间体，如

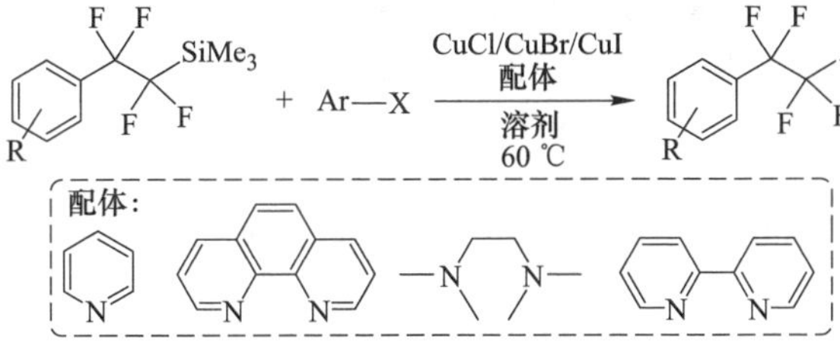

图 1-43 Cu(Ⅰ) 催化卤代芳烃与 2-芳基-四氟乙烯基三甲基硅烷的 C—C 交叉偶联

苯甲酸衍生物、苄胺、苯甲醛和杂环化合物，如图 1-44 所示。

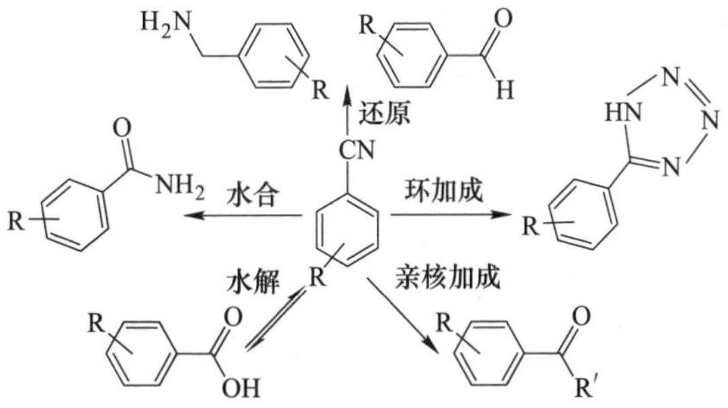

图 1-44 苯腈合成多类型化合物的应用

　　一个多世纪以来，罗森蒙德-冯布劳恩反应和桑德迈尔反应合成苯腈法最受欢迎，但由于反应会产生金属废物，而不能满足今天的环保要求。工业上采用氨解氧化法[81-84]规模化生产苯腈，温度要求在 300~550 ℃，且对于底物的要求较高，无法满足多样化官能团苯腈的合成。因此，对于苯腈制备方法的改进一直在进行，其中很多报道出的方法值得本书去借鉴。2004 年，Cai 课题组[85]用微波对体系进行加热，重复了罗森蒙德-冯布劳恩反应（图 1-45），将反应时间缩短至 20~

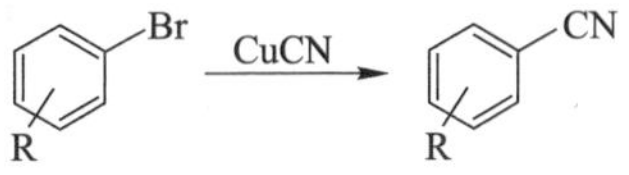

图 1-45 Cu(Ⅰ) 催化溴代芳烃
与氰化物的 C—C 交叉偶联

40 min，产物产率可达 68%~90%，但是反应仍然需要大量的氰化亚铜。

　　Ren[86-88]和 DeBlase[89]课题组同样采用微波加热法进行卤代芳烃的氰基化反应，该反应以 $K_4[Fe(CN)_6]$ 作为氰基来源，以水与四甘醇或四丁基溴化铵组成溶剂体系，在无配体条件下，以 $Cu(OAc)_2$ 或 CuI 为催化剂，反应 30 min 左右，产物产率达 40%~75%（图 1-46）。

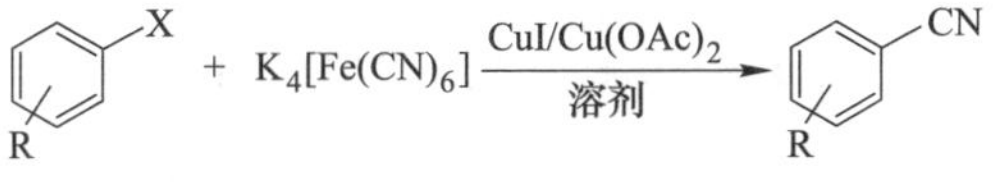

图 1-46 Cu(Ⅰ) 催化卤代芳烃与氰化物的 C—C 交叉偶联

　　2004 年，Beletskaya 课题组[90]首次对桑德迈尔反应进行优化，采用 1,10-邻二氮杂菲为配体，催化重氮芳烃与 KCN 进行交叉偶联反应，反应得到了苯腈化合物，产物产率最高可达 90% 以上（图 1-47）。

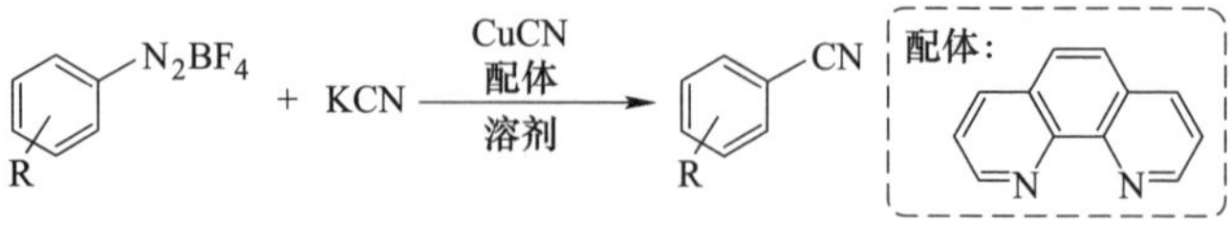

图 1-47　Cu（Ⅰ）催化重氮芳烃与氰化物的 C—C 交叉偶联

　　2003 年，Zanon 课题组[91]采用由二甲基乙二胺与 CuI 组成的催化体系，2005 年，Cristau 课题组[92]采用由 1,10-邻二氮杂菲与 CuI 组成的催化体系，分别催化溴代芳烃的氰基化反应，产物产率都较为理想，最高可达 90% 以上（图 1-48）。

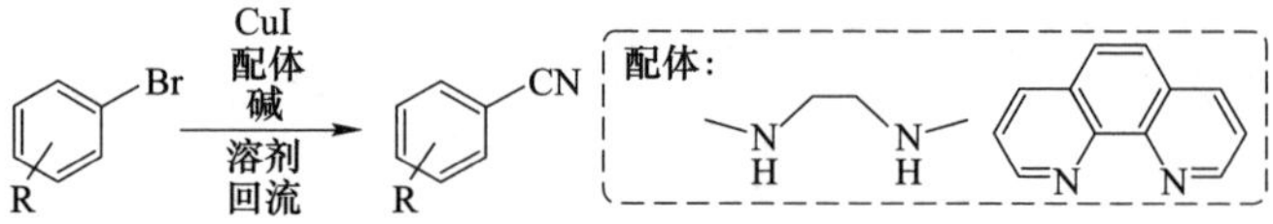

图 1-48　Cu（Ⅰ）催化溴代芳烃与氰化物的 C—C 交叉偶联

　　Schareina 课题组[93-95]采用多种 N,N-二齿配体，催化卤代芳烃的氰基化反应（图 1-49）。

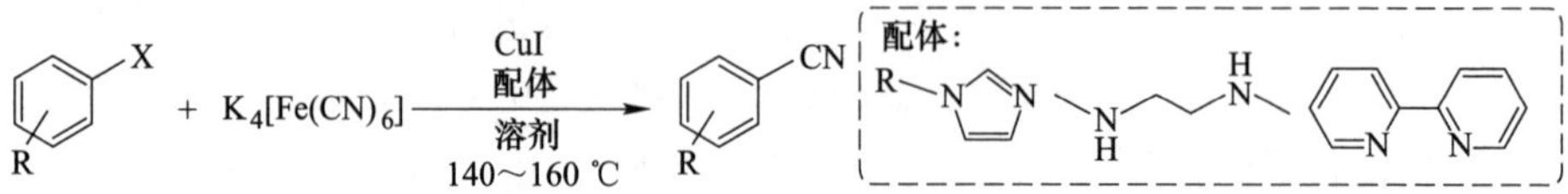

图 1-49　Cu（Ⅰ）催化卤代芳烃与氰化物的 C—C 交叉偶联

　　2011 年，Zhang 课题组[96]用碳酸氢铵和 N,N-二甲基甲酰胺作为氰基来源，采用由四甲基乙二胺与 Cu（OAc）$_2$ 组成的催化体系，催化卤代芳烃的氰基化反应（图 1-50），达到了良好的产率。该方法也是用于合成氰基化芳烃的一种非常实用和安全的方法。

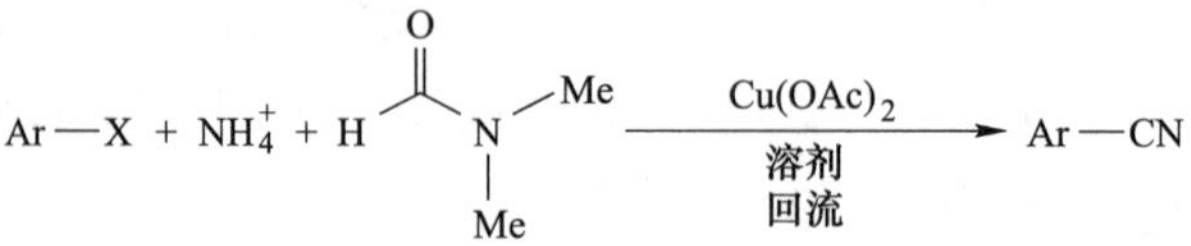

图 1-50　Cu（Ⅱ）催化卤代芳烃与 N,N-二甲基甲酰胺的 C—C 交叉偶联

　　2010 年，Mehmood 课题组[97]报道了六氰合铁（Ⅱ）酸盐既为催化剂又是氰

基来源，以水为溶剂，催化碘代芳烃的氰基化反应（图1-51）。

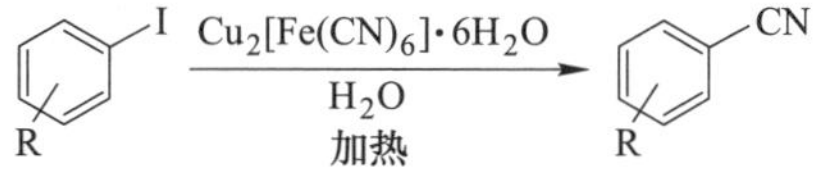

图1-51　Cu(Ⅱ)催化碘代芳烃与六氰合铁(Ⅱ)酸盐的C—C交叉偶联

近几年，对于芳烃C—H键直接活化制备氰基化的芳烃引起了科研人员极大的兴趣，这种氧化氰化反应方法制备产物所用的氰化物来源非常简单，如三甲基硅氰化物、硝基甲苄基氰化物，甚至 CH_3CN 也可以作为氰基来源。2006年，Chen课题组[98]以氧气为氧化剂，以 Cu(OAc)$_2$ 为催化剂，以硝基甲烷为氰基来源，催化了2-芳基吡啶的邻位氰基化反应。2012年，Jin课题组[99]同样以氧气为氧化剂，以 Cu(OAc)$_2$ 为催化剂，采用 CH_3CN 为氰基来源，催化了2-芳基吡啶的邻位氰基化反应（图1-52）。

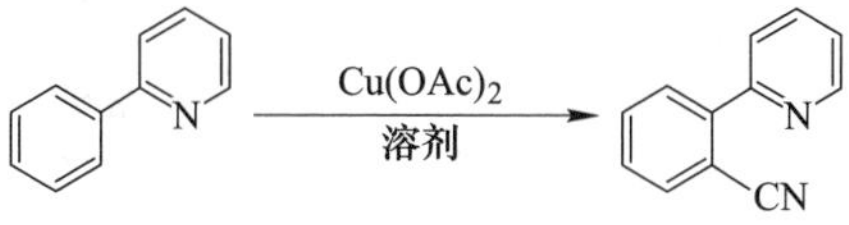

图1-52　Cu(Ⅱ)催化2-芳基吡啶与硝基甲烷、CH_3CN 的C—C交叉偶联

2013年，Yuen课题组[100]发现以溴化亚铜为催化剂，以苄基氰为氰基来源，可以催化杂环芳烃的邻位氰基化反应（图1-53）。

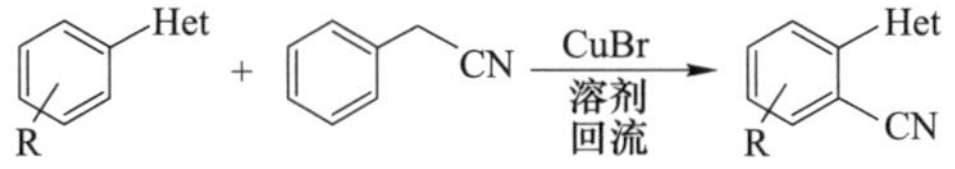

图1-53　Cu(Ⅰ)催化杂环芳烃与苄基氰的C—C交叉偶联

2010年，Do课题组[101]报道了一种对杂环进行区域选择性氰化的方法，以氰化铜为催化剂，以碘为氧化剂，催化一些杂环芳烃化合物，如恶唑、噻唑、咪唑、三氮唑，产物产率可达 60%~90%（图1-54）。

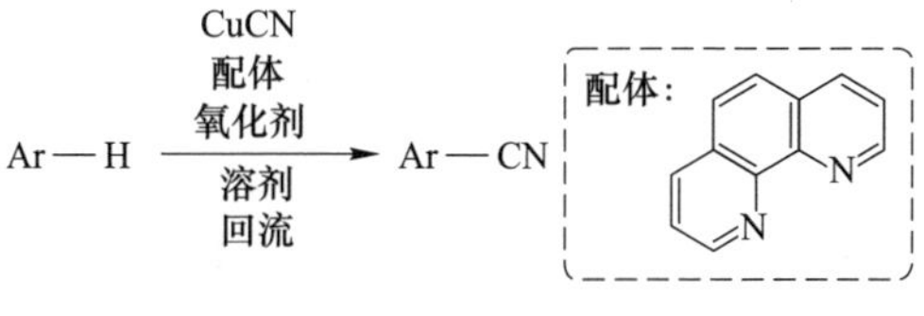

图1-54　Cu(Ⅰ)催化杂环芳烃与氰化物的C—C交叉偶联

2011年，Zhang课题组[102]报道，除卤代芳烃外，芳基硼酸的氰化反应在三甲基硅氰化物和 K_2CO_3 存在下可以实现。该方法反应条件温和，且适应面广。

2012 年，Kim[103]也报道了类似的芳基硼酸氰化反应，区别在于催化体系和底物选取上的不同（图 1-55）。

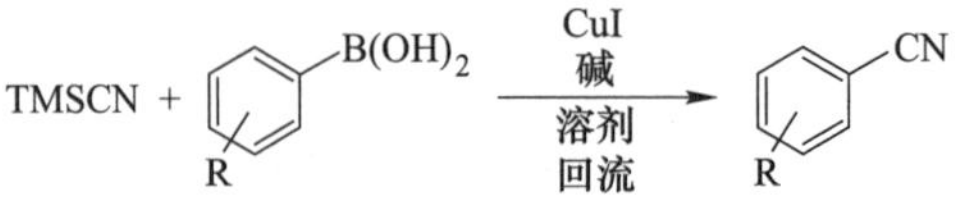

图 1-55　Cu(Ⅰ) 催化芳基硼酸与三甲基硅氰化物的 C—C 交叉偶联

2010 年，Liskey 课题组[104]报道了采用一锅法实现由铱催化的 1,3-二取代或 1,2,3-三取代的芳烃或异构芳烃的直接 C—H 硼基化，之后再由铜催化得到氰基化的芳烃（图 1-56）。

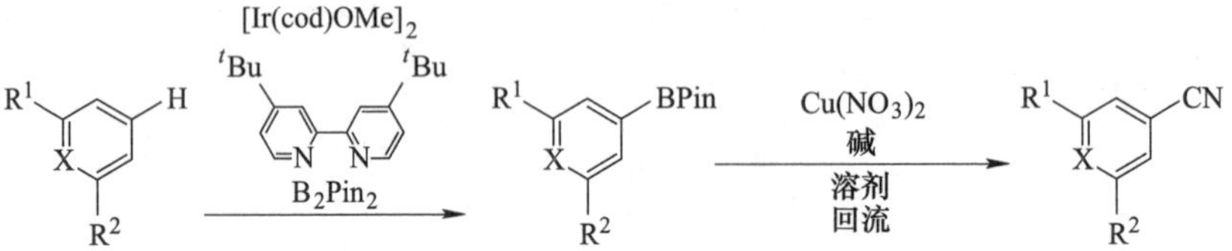

图 1-56　Cu(Ⅱ) 催化取代芳烃或异构芳烃与氰化物的偶联

2012 年，Song 课题组[105]报道了一个非常简单的制备氰基化芳烃的方法，该方法以 Cu(OAc)₂ 和 TPP（三苯基膦）组成催化体系，以 CH₃CN 作为氰化物，于 125 ℃下完成反应（图 1-57）。

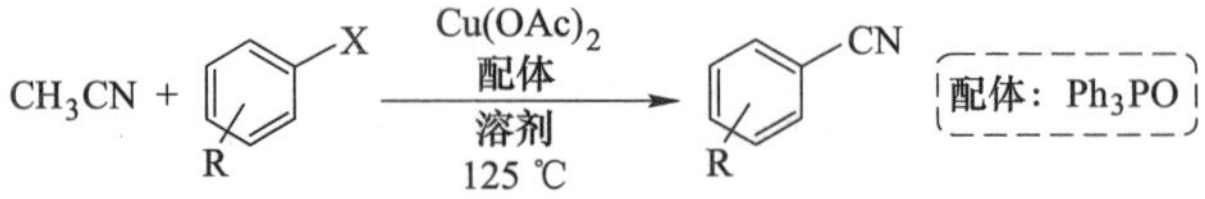

图 1-57　Cu(Ⅱ) 催化卤代芳烃与 CH₃CN 的 C—C 交叉偶联

1.2.3.3　联苯反应

Ullmann 在 20 世纪首次报道了一些含邻位、对位取代基的溴代芳烃化合物的自身偶联反应，该反应在 210～220 ℃高温条件下以铜为催化剂进行偶联反应，产物产率最高可达 76%（图 1-58）。

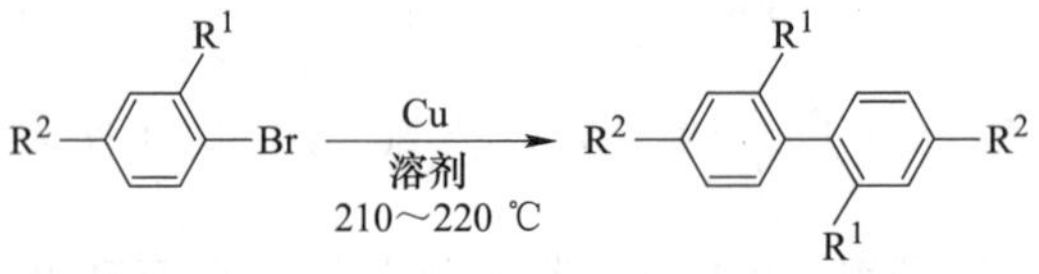

图 1-58　Cu 催化溴代芳烃的 C—C 自偶联

1997 年，Zhang 课题组[106]以噻吩-2-羧酸的亚铜盐为催化剂，以 *N*-甲基吡咯烷酮为溶剂，室温反应 15 h，催化了一些卤代芳烃及杂环芳烃的自身偶联，产物产率最高可达 90%以上（图 1-59）。

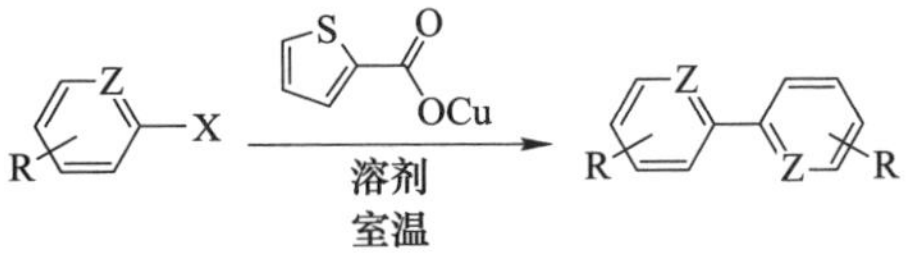

图 1-59　Cu 催化卤代芳烃、杂环芳烃的自偶联

1998 年，Babudri[107]同样以噻吩-2-羧酸的亚铜盐为催化剂，以 *N*-甲基吡咯烷酮为溶剂，催化 1,4-二卤代-2,3,5,6-四氟苯的自身偶联聚合，得到了它的二聚体及三聚体（图 1-60）。

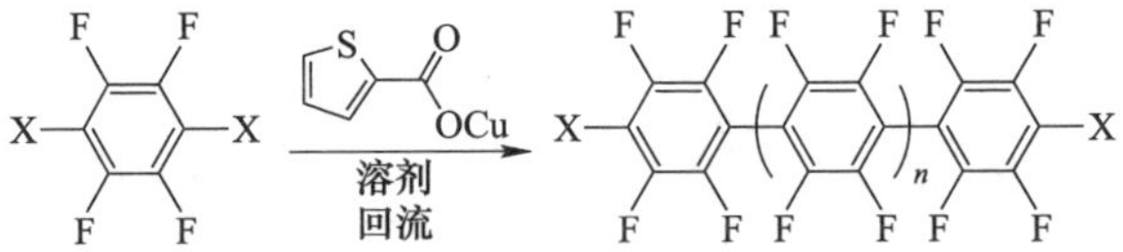

图 1-60　Cu 催化 1,4-二卤代-2,3,5,6-四氟苯的 C—C 自偶联

Li 课题组[108-110]以芳基硼酸和卤代芳烃或卤代杂环芳烃为底物，采用由 1,4-二氮杂二环辛烷与 CuI 组成的催化体系，以 DMF 或 DMSO 为溶剂，以 Cs_2CO_3 为碱，对反应进行催化，产物产率较为理想（图 1-61）。

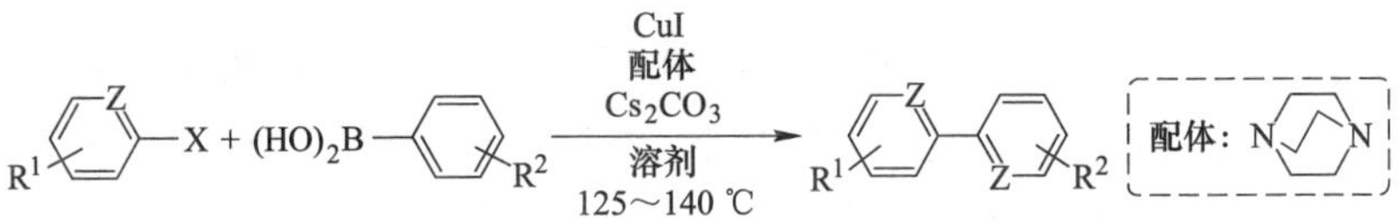

图 1-61　Cu（Ⅰ）催化芳基硼酸与卤代芳烃、卤代杂环芳烃的 C—C 交叉偶联

2009 年，Kirai 课题组[111]还报道了芳烃硼酸的自偶联反应，该反应采用由 Cu(Ⅰ/Ⅱ) 的多种盐与 1,10-邻二氮杂菲及衍生物组成的催化体系，以 IPA（异丙醇）为溶剂，室温下反应得到产物，产率最高可达 80%以上（图 1-62）。

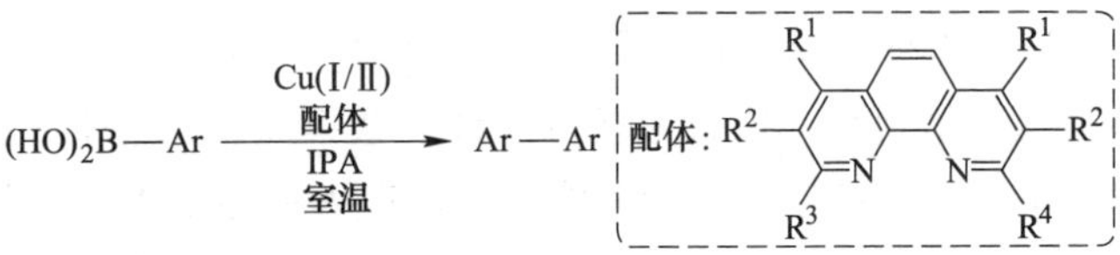

图 1-62　Cu（Ⅰ/Ⅱ）催化芳烃硼酸的 C—C 自偶联

此外，一些研究者[112-119]报道了大量关于苯并唑类、恶二唑、芳基恶唑、三唑与碘代芳烃的交叉偶联反应，反应采用由 CuI 与配体组成的催化体系进行催化，并尝试了用多种碳酸盐为碱，多种溶剂如 DMSO、DMF 等（图 1-63）。

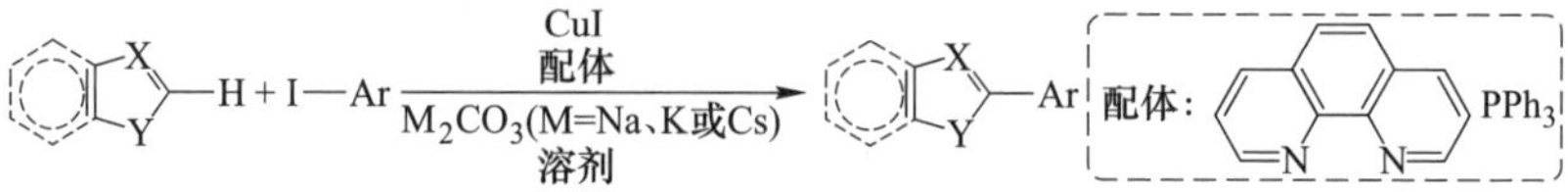

图 1-63　Cu(Ⅰ) 催化碘代芳烃与苯并唑、恶二唑、芳基恶唑、三唑的 C—C 交叉偶联

2011 年，Do 课题组[120]报道了多种类的芳烃的交叉偶联反应，如富电子芳烃的芳基化偶联、贫电子芳烃的芳基化偶联、五元杂环的芳基化偶联和吡啶的芳基化偶联（图 1-64）。

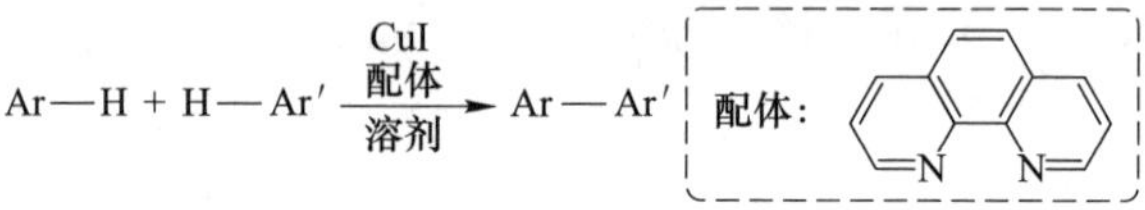

图 1-64　Cu(Ⅰ) 催化多种类芳烃间的 C—C 交叉偶联

上述一系列反应都采用了由 CuI 与 1,10-邻二氮杂菲组成的催化体系，不同芳烃选取有针对性的溶剂和反应温度，均显示出较为突出的区域选择性催化效果。

Shang 课题组[121]报道了由 CuI 与 1,10-邻二氮杂菲组成的催化体系对卤代芳烃与多氟代苯甲酸钾进行催化的脱羧偶联反应（图 1-65）。反应以二甲基乙酰胺为溶剂，于 150~160 ℃条件下反应得到多个芳基化氟代芳烃，产物产率最高可达 97%。

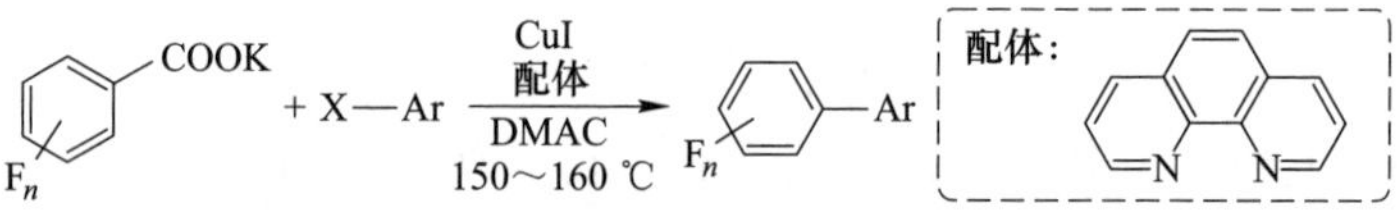

图 1-65　Cu(Ⅰ) 催化卤代芳烃与多氟代苯甲酸钾的 C—C 交叉偶联

采用由手性二元胺或氮杂萘烷与亚铜盐构筑的具有手性的催化体系应用于选择性催化 2-萘酚及其衍生物，以合成具有手性的联萘酚及其衍生物的研究已有报道[122-126]。2003 年，Gao 课题组[127]报道了由席夫碱与 Cu(Ⅱ) 构筑的配合物对 2-萘酚的选择性催化偶联（图 1-66），文章用单晶衍射仪对配合物进行了结构表征，并对对映选择性偶联的机理进行了细致讨论。

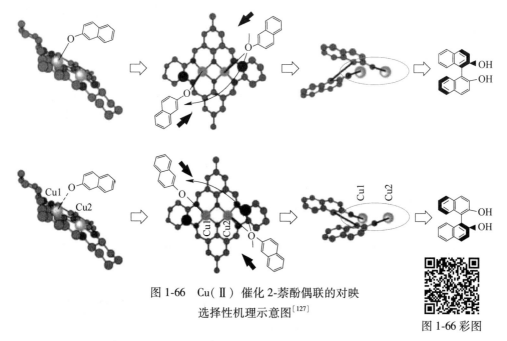

图 1-66 Cu(Ⅱ) 催化 2-萘酚偶联的对映
选择性机理示意图[127]

图 1-66 彩图

1.2.3.4 芳烃衍生物的炔基化、链烯基化反应

近年来，和其他铜催化偶联反应一样，铜催化芳香族衍生物的炔基化、链烯基化反应已见成效，主要是由于各种简单有机配体的引入使反应条件简单温和。一些简单可行的合成炔基或烯基取代芳烃的方法已成为近年来合成芳烃衍生物的研究热点。1998 年，科研人员以 CuI 或纳米 Cu_2O 为催化剂，在无配体参与的条件下，采用卤代芳烃与含炔基的有机锡烷作为底物或卤代炔烃与含芳基的有机锡烷为底物合成含炔基的芳烃衍生物[128-131]。反应的大部分产物产率在 70% 左右，个别产物产率可达 90% 以上。随着研究的深入，配体逐渐进入催化体系，如 TPP 是最为广泛采用的配体，它的引入使得催化体系可以有效催化很多底物的炔基化反应[132-135]（图 1-67）。

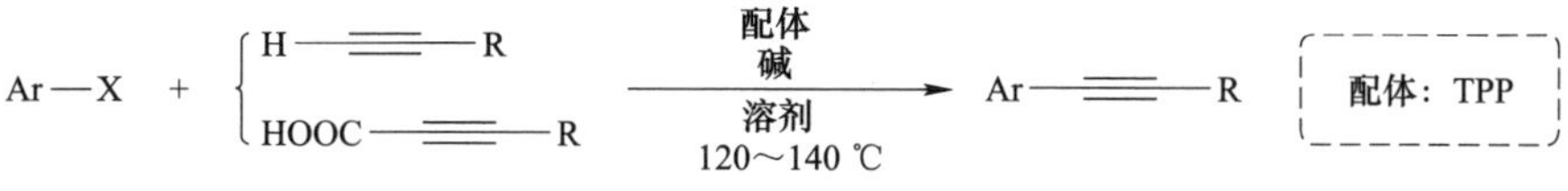

$$Ar\!-\!X \;+\; \begin{cases} H\!\!-\!\!\!\equiv\!\!\!-R \\ HOOC\!\!-\!\!\!\equiv\!\!\!-R \end{cases} \xrightarrow[\substack{溶剂 \\ 120\sim140\ ℃}]{\substack{CuI \\ 配体 \\ 碱}} Ar\!\!-\!\!\!\equiv\!\!\!-R \qquad \boxed{配体：TPP}$$

图 1-67 Cu(Ⅰ) 催化卤代芳烃与炔基化合物的交叉偶联

此外，二齿配体仍然是合成炔基或烯基取代芳烃所使用的最广泛配体，其与铜金属盐可以很好地组成稳定配合物，在反应过程中有效地进行选择性催化[35,136-148]，如 1,4-二氮杂二环辛烷、8-羟基喹啉、二甲基吡啶、1,10-邻二氮杂菲、四甲基乙二胺等配体[35,136-148]。对于芳烃的链烯基化反应，Li 课题组[109,148]

采用由 CuI 和 1,4-二氮杂二环辛烷组成的催化体系，分别以芳基硼酸和碘代芳烃为底物进行链烯基化交叉偶联反应；Besselièvre[149] 课题组则针对恶唑类化合物和溴代烯烃化合物之间的链烯基化催化反应进行了研究（图 1-68），反应采用反式-N,N-二甲基-1,2-二氨基环己烷为配体，结果显示该反应具有良好的立体选择性。Lu 课题组[150] 采用由 CuI/CuCl 和四甲基乙二胺组成的催化体系，在温和条件下，该体系可促进环氧乙烯与有机硼化合物发生交叉偶联反应，生成高乙烯基醇类化合物。

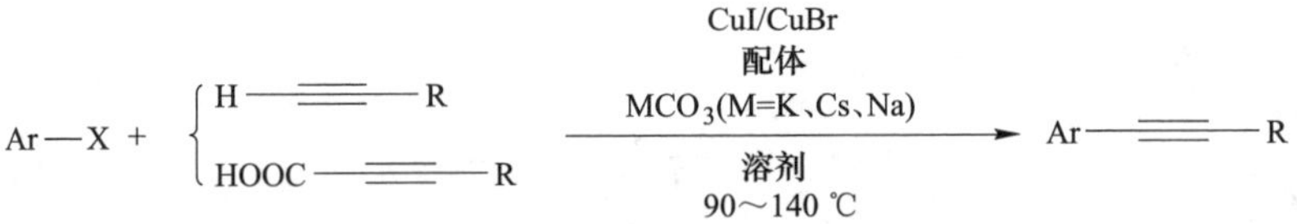

$$Ar-X + \begin{cases} H \!\!-\!\!\!\equiv\!\!\!-\!\! R \\ HOOC \!\!-\!\!\!\equiv\!\!\!-\!\! R \end{cases} \xrightarrow[\substack{溶剂 \\ 90\sim140\ ℃}]{\substack{CuI/CuBr \\ 配体 \\ MCO_3(M=K、Cs、Na)}} Ar\!\!-\!\!\!\equiv\!\!\!-\!\! R$$

图 1-68　Cu(Ⅰ) 催化卤代芳烃与炔基化合物的交叉偶联

1.2.3.5　芳烃衍生物的三氟甲基化反应

向有机分子中引入三氟甲基基团，将对该有机物的化学性质和物理性质产生较大影响，可以显著改变化合物的生物利用度、亲脂性、受体结合选择性和新陈代谢稳定性。因此，在已知的一些重要药物中都有三氟甲基基团的存在（图 1-69）。如：依法韦仑（艾滋病毒逆转录酶抑制剂）、弗西汀（抗抑郁药）、塞来昔布（非甾体抗炎药）、兰索拉唑（用于治疗溃疡和胃酸倒流疾病的抑制剂）。此外，三氟甲基化也被用于农药的设计以改进药物性能，如杀菌剂三氟敏和除草剂吡氟酰草胺。

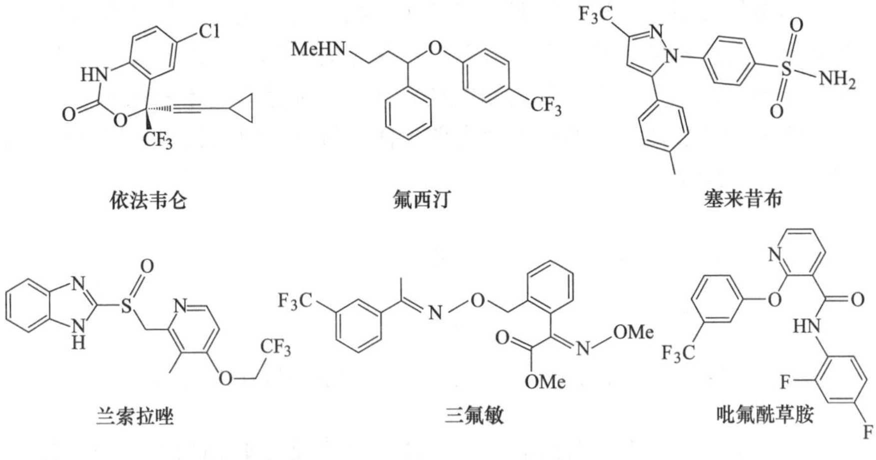

依法韦仑　　　　　　　氟西汀　　　　　　　塞来昔布

兰索拉唑　　　　　　　三氟敏　　　　　　　吡氟酰草胺

图 1-69　具有代表性的三氟甲基化药物和农药

一些科研人员采用由 CuI 与 1,10-邻二氮杂菲或 N,N-二甲基乙二胺组成的催化体系，催化三氟甲基化试剂与碘代芳烃进行交叉偶联反应（图 1-70），得到对应的三氟甲基化的芳烃，体系以甲基吡咯烷酮为溶剂，以 KF 或 AgF 为碱[151-154]。

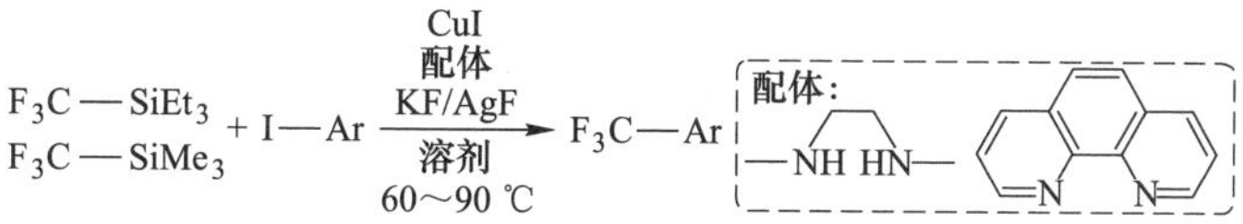

图 1-70　Cu(Ⅰ) 催化碘代芳烃与三氟甲基化试剂的交叉偶联

另一些课题组[155-158]选用含三氟甲基的酯、醛、酸为三氟甲基化试剂与碘代芳烃进行交叉偶联反应（图 1-71）。如催化三氟硼酸甲酯的钾盐、三氟甲醛、三氟醋酸盐与碘代芳烃进行交叉偶联反应，以 DMSO、二甘醇二甲醚、DMF 等试剂为溶剂，以 KF、CsF 或 Ag_2O 为碱，在由 CuI 与 1,10-邻二氮杂菲组成的催化体系下，反应得到对应的三氟甲基化的芳烃，产率最高可达 97%。

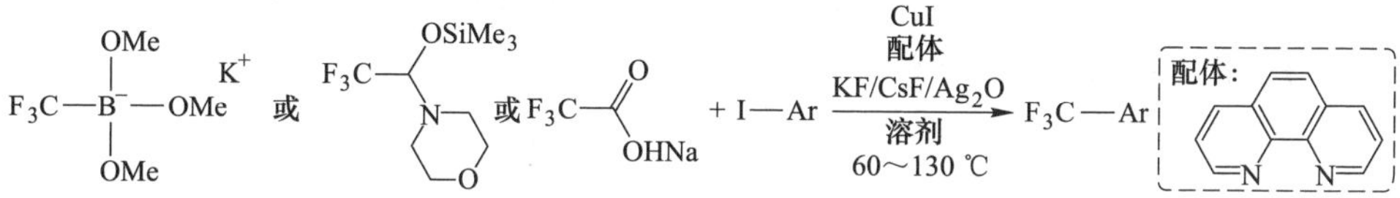

图 1-71　Cu(Ⅰ) 催化碘代芳烃与酯、醛、酸的交叉偶联

还有一类常见的反应方法[159-161]是采用 Togni's 试剂，该试剂以高碘试剂的形式存在[162]，使其具有了高的反应活性，它能与芳基硼酸、芳基化或炔基化的三氟硼酸钾盐进行交叉偶联反应，得到对应的三氟甲基化化合物（图 1-72）。反应体系以 DMA、CH_3CN 或二甘醇二甲醚为溶剂，以 CuI、CuOAc 或 CuSCN 为催化剂，以 1,10-邻二氮杂菲、联吡啶或三甲基吡啶为配体，产率最高可达 95%。

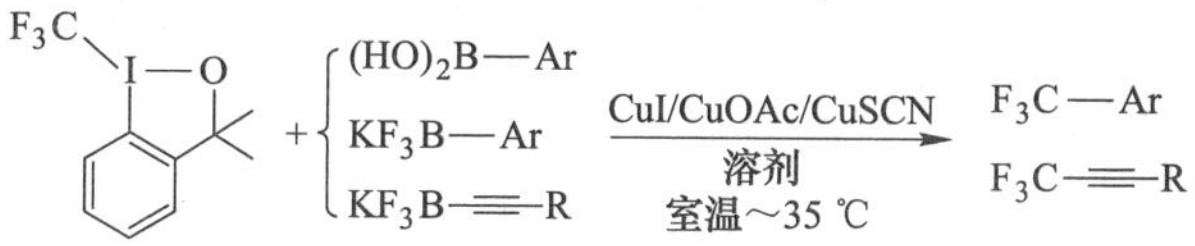

图 1-72　Cu(Ⅰ) 催化 Togni's 试剂与芳基硼酸、三氟硼酸钾盐衍生物的 C—C 交叉偶联

Popov 课题组[163]对 1H-全氟烃与碘代芳烃的交叉偶联反应进行了研究，并对初步的机理进行了探讨（图 1-73）。反应以 CuCl 与 1,10-邻二氮杂菲组成催化体系，以嘧啶酮为溶剂，以 2,2,6,6-四甲基哌啶锌为碱，于室温至 90 ℃反应得到对应产物。

2013 年，Presset 课题组[164]报道了有机三氟硼酸盐（芳基衍生物、杂环衍生物、炔基衍生物、烯基衍生物）与三氟甲基化试剂（$NaSO_2CF_3$）进行的交叉偶联反应，得到多种三氟甲基化的有机化合物（图 1-74）。反应以叔丁基过氧化氢

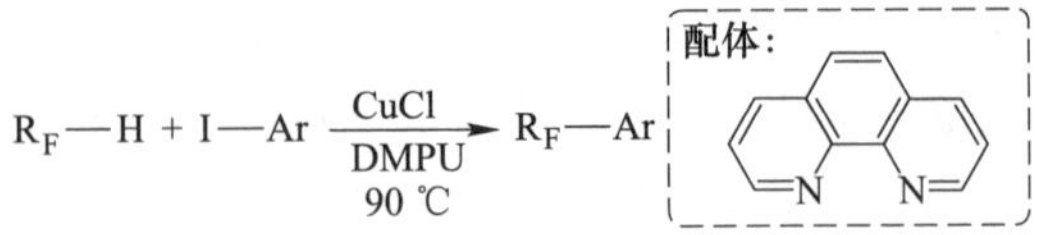

图 1-73 Cu(Ⅰ) 催化碘代芳烃与全氟烃类化合物的 C—C 交叉偶联

为氧化剂，以 CuCl 为催化剂，以 $CH_2Cl_2/CH_3OH/H_2O$ 混合溶液为介质，于室温下完成反应。

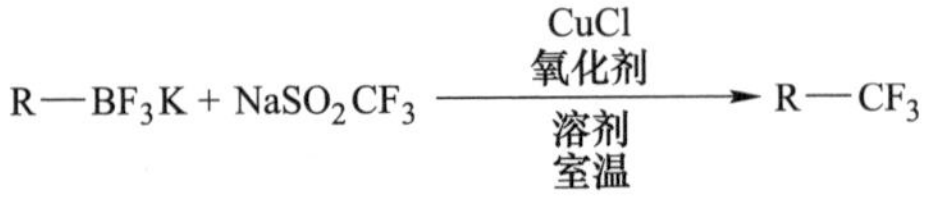

图 1-74 Cu(Ⅰ) 催化三氟硼酸盐衍生物与三氟甲基化试剂的 C—C 交叉偶联

2014 年，Li 课题组[165]报道了由苯基三氟甲基亚砜制备三氟化铜，三氟化铜再与卤代芳烃、端基炔烃、芳基硼酸进行交叉偶联反应，最终得到多种三氟甲基化的芳基化合物（图 1-75）。

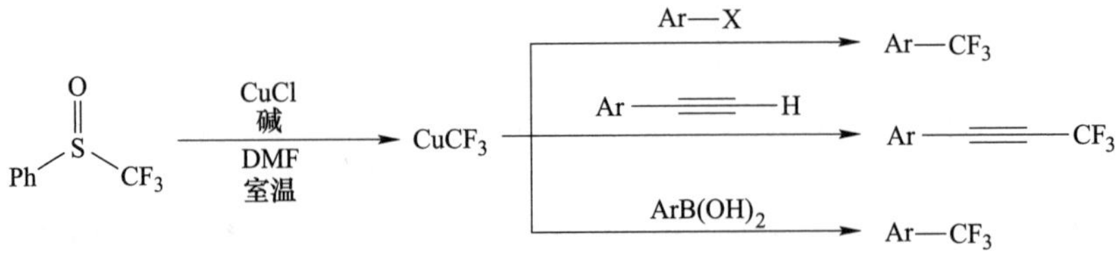

图 1-75 Cu(Ⅰ) 催化卤代芳烃、端基炔烃、芳基硼酸与三氟化铜的 C—C 交叉偶联

通过交叉偶联反应构建 C—N 键、C—P 键和 C—C 键芳基化合物的研究仍是当今催化领域的热点之一，众多科研团队基于铜设计的催化体系使一些条件苛刻的反应得以实现。目前，对于如何设计更利于回收利用的催化体系、选择更合适的反应方式等方面的研究仍需深入开展，从而减少危险废物的产生，达到从源头治理该类污染问题的目的。

1.2.4 传统构建 C—X 键催化反应过程存在的环境问题

1.2.4.1 传统构建 C—X 键催化体系中催化剂的环境问题

在传统催化反应中，Cu(Ⅰ/Ⅱ) 盐和 N,N-二齿配体、N,O-二齿配体或 O,O-二齿配体在组成催化体系时并没有构建稳定的配合物，而是以均相反应方式对交叉偶联反应进行催化。当反应结束后，催化体系仍然溶解在溶剂中，造成目标产物的提取相对复杂、催化体系定量难度大、反应体系成分定性步骤多等问题。当催化体系失去活性后，因反应废弃物成分复杂，降解处理成本也会升高，如不慎进入水体或土壤环境中，其污染持续时间长、危险性高、环境影响大。

通过对化学品安全技术说明书（MSDS）的检索，本书列出了部分催化体系中化学品的 GHS 分类（全球化学品统一分类和标签制度）、健康危害、环境危害，如附录 1 所示。附录 1 中所列部分铜盐对水生生物毒性极大，并具有长期持续的影响，环境危害十分严重。N,N-二齿配体、N,O-二齿配体和 O,O-二齿配体均对水体有污染，因此不能直接排放，需要焚烧或降解处理，但焚烧过程多产生有毒气体，仍会对环境造成污染。除对环境有危害以外，化学品还存在健康危害，多数化学品的急性经口毒性和急性吸入毒性为类别 4，少数为类别 2 和类别 3，即每千克体重误食或吸入 50~2000 mg 就会中毒。此外，化学品对皮肤也具有腐蚀性和刺激性，尤其对眼睛的损伤和刺激也不容忽视。因此，在使用或废弃化学品时要保持警惕，需妥善处理，避免接触。

为直观体现传统催化交叉偶联反应过程潜在的污染物情况，说明其凸显的环境问题，本书对已报道的交叉偶联反应温度、反应收率、反应产生污染废物及反应经济性作出了对比。传统构建 C—X 键方法所用的催化剂主要为三类，见表 1-1。最初以铜及铜盐作为传统反应体系的催化剂时，过高的反应温度和过量的催化剂使得反应存在潜在的环境污染问题[166-168]。

表 1-1 传统催化反应过程对照表

序号	催化剂	反应温度/℃	收率/%	污染废物	经济性
1	Cu 粉、CuI、CuCl	150~210	50~90	含铜及铜盐废弃物	
2	Pd、PdCl$_2$、Pd(OAc)$_2$ 等	80~120	60~95	—	铜价格：79000 元/吨 铂价格：2.3117×10^8 元/吨
3	Cu、CuI、CuCl 与多种配体	60~160	70~90	含铜及铜盐、N,N-二齿配体、N,O-二齿配体和 O,O-二齿配体废弃物	

注：铜的价格通常以"元/吨"或"美元/吨"来计量，钯的价格通常以"元/克"或"美元/盎司"来计量，此处为作对比，将铜和钯的价格单位进行了统一。需要注意的是，铜和钯的价格受多种因素影响，价格是实时变动的，表中为特定时间点的价格。

反应条件的苛刻，会使得催化剂的底物适应性较差，副产物多，目标产物收率低，化工危险废弃物相对较多；同时，过量的铜粉或铜盐被废弃，对水体的污染十分严重。其次，钯作为催化剂的研究一度成为热点，其可实现催化剂多次回收利用，使得底物的适应性显著提高，但其价格约是铜的 3000 倍，可见经济性差很多，不利于规模化生产[169-178]。近些年，如前文构建 C—X 键芳基化合物的研究进展所述，科研人员采用铜粉或铜盐与有机配体组成催化体系，虽减少了铜的用量，降低了反应温度，提高了收率，但仍然是均相反应，催化剂无法回收利用，同时增加了多种有机配体废弃物，没有从源头解决该类环境污染问题。

1.2.4.2　传统构建 C—X 键催化体系中反应物、副产物的环境问题

除了前文提及的传统催化剂体系对环境的危害之外，在构建 C—X 键的反应中，交叉偶联反应过程一般采用卤代烃、不饱和烃、伯胺和有机磷等为原料，副产物主要为联苯化合物，其对人体也有多方面的危害。反应程度较低的传统催化过程，剩余原料和副产物会产生对水体、大气等方面的环境污染问题，以及危害人体健康。主要表现在以下四个方面。

其一，卤代烃中的卤素是强毒性基，一般比母体烃类的毒性大，经皮肤吸收后，会侵犯神经中枢或作用于内脏器官，从而引起中毒。通常，碘代烃毒性最大，溴代烃、氯代烃、氟代烃毒性依次降低。因此，在使用卤代烃为原料时，且体系反应程度不高时，多余卤代烃应及时回收处理，同时保持工作场所通风，避免操作人员中毒。

其二，不饱和烃的危害性要远大于饱和烃。不饱和烃极易燃烧爆炸。与空气混合能形成爆炸性混合物，遇明火、高热可引起燃烧爆炸；与氧化剂接触时反应猛烈；与氟、氯等接触会发生剧烈的化学反应；与铜、银、汞等的化合物会生成爆炸性物质。因此，在处理没有转化完全的不饱和烃，应尤其注意爆炸危害，避免人员和财产损失。

其三，当含有氮、磷元素的原料参与反应时，如反应转化程度较低，将产生大量含有氮、磷的工业危险物。即使采用焚烧处理，仍会产生 NO_x 与含磷无机物。NO_x 将导致大气污染，含磷无机物的无序排放会导致局部区域土壤与水体富营养化。

其四，副产物联苯化合物对皮肤、黏膜有轻度刺激性，可致过敏性或接触性皮炎，高浓度吸入则损害神经系统和肝脏。对呼吸道和眼睛有明显刺激，长期接触可引起头痛、乏力、失眠等呼吸道刺激症状。

1.3　铜金属配合物的配位形式与催化反应机理

如前文所述，铜作为活性中心进行催化反应一直是研究热点，其低毒、廉价、易得是实现化学反应无害化、低成本化和可持续化的优势条件；其原子结构则为催化作用提供了理论依据。

1.3.1　铜金属配合物的配位形式

在过渡金属中，铜是资源最为丰富的金属之一，且其配位环境多样，铜在元素周期表中位于 IB 族，其最外层电子排布式为 $3d^{10}4s^1$，其中 3d 轨道不稳定，可以失电子而成键。由于 3d、4s 及 4p 轨道能级相近，易形成 d、s、p 杂化轨道，

进而增强铜的配位能力，其可与众多有机配体配位形成结构独特的配合物。在铜金属有机配合物中，按铜呈现的价态分为一价、二价、三价和混合价铜金属的配合物，其中主要以 Cu(Ⅱ) 金属有机配合物最为常见[179-188]。

理论上，由外层电子排布分析，铜 4s 轨道失去一个电子后为稳定状态，而失去两个电子后形成 $3d^9 4s^0$，二价铜离子应该不稳定。但事实上，形成配合物时，Cu(Ⅱ) 的极化能力强于 Cu(Ⅰ)，与有机配体形成配位键的能力更强，且形成的配位数也较大，从而配合物体系的能量也较低，因此科研人员能够更容易、更多地合成得到二价铜金属配合物，而要制备较稳定的 Cu(Ⅰ) 金属配合物则较为困难，且 Cu(Ⅰ) 金属配合物在空气中也不稳定。对于 Cu(Ⅰ) 金属配合物，常见的配位数是 2，或 Cu(Ⅰ) 与含 π 电子的配体进行配位，配位数是 3。在二价铜金属配合物中，铜离子一般由三种杂化形式决定配位数，如成六配位的 $sp^3 d^2$ 杂化、五配位的 $sp^3 d$ 杂化和四配位的 $sp^2 d$ 杂化[189]。

1.3.2 铜金属配合物的催化反应机理

通过形成配位键对有机反应进行催化的过程中，底物分子与催化剂形成不稳定的配合物会作为过渡态中间体，使底物分子经配位后易于进行某些特定的成键反应。在这类催化反应中，金属原子或离子既是配位点也是活化点，这就要求金属配合物必须满足金属本身有空余的成键轨道可以与底物分子相结合，或者配合物中含有易离去的离子配体或溶剂分子。当底物分子靠近时，底物分子的亲核基团可以通过占据空轨道成键，或由底物分子中的亲核基团代替易离去的配体或分子而形成新的配位键。通常，此类配位催化反应按配位、插入、解离恢复三个步骤进行，金属中心也伴随着每个步骤呈现相应的价态[190]。本书对 Cu(Ⅰ/Ⅱ)L_x 配合物催化卤代芳烃和亲核试剂的交叉偶联反应进行了文献总结，并归纳出该类型催化交叉偶联反应的可能机理，如图 1-76 所示。

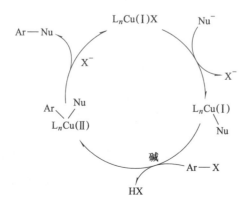

图 1-76　铜金属有机配合物催化交叉偶联反应的可能机理示意图

2 基于 DABCO 的铜金属配合物设计、催化偶联反应及绿色化评价

2.1 引　言

DABCO(1,4-二氮杂二环［2.2.2］辛烷) 分子中两个 N 原子为 sp^3 杂化,各带一对孤对电子,具有较强的配位能力,其刚性笼状分子结构带有较强的空间位阻效应,既可以与金属配位成键,又可以稳定配合物结构,同时其自身稳定、无毒、不污染环境,且廉价易得,是较为理想的含氮杂环化合物有机配体。据报道,铜与 DABCO 在催化 C—C 键炔基化和芳基化交叉偶联反应中是一个常用的催化体系。同时,DABCO 与其他金属配合也可催化上述交叉偶联反应,如与 Pd 组成的催化体系在 DMF 中催化 C-芳基化交叉偶联反应[191-192],与 Ni 组成的催化体系催化炔烃与芳基硼酸间的交叉偶联反应[193]。

基于绿色化学理念,本章以 DABCO 与铜盐为原料,通过对 DABCO 进行化学修饰,引入具有配位能力的取代基,得到一些特定结构的配体,在温和条件下设计合成基于 DABCO 构筑的 Cu(I / II)L$_x$ 配合物;采用溶剂热法,对配合物进行单晶培养,通过 X 射线单晶衍射仪确定其分子结构,并对其空间结构加以描述,再以其为催化剂进行一些交叉偶联反应的实验研究,推演可能的催化机理。

2.2 实　验　部　分

2.2.1 化学药品、试剂及仪器

实验所用化学药品、试剂及仪器见表 2-1 和表 2-2。

表 2-1　实验所用化学药品和试剂

名称	纯级	生产厂家
1,4-二氮杂二环［2.2.2］辛烷(DABCO)	分析纯	上海阿拉丁生化科技股份有限公司
3-溴丙烯（AB）	分析纯	上海阿拉丁生化科技股份有限公司
4-乙烯基苄基氯	分析纯	国药集团化学试剂有限公司
4-甲基苯乙炔	分析纯	上海阿拉丁生化科技股份有限公司

续表 2-1

名称	纯级	生产厂家
4-碘苯乙醚	分析纯	上海阿拉丁生化科技股份有限公司
4-溴苯乙醚	分析纯	上海阿拉丁生化科技股份有限公司
4-乙基苯乙炔	分析纯	上海阿拉丁生化科技股份有限公司
4-碘苯甲醚	分析纯	上海阿拉丁生化科技股份有限公司
4-溴苯甲醚	分析纯	上海阿拉丁生化科技股份有限公司
4-溴苯乙炔	分析纯	上海阿拉丁生化科技股份有限公司
苯乙炔	分析纯	上海阿拉丁生化科技股份有限公司
氯化亚铜（CuCl）	分析纯	上海阿拉丁生化科技股份有限公司
碘化亚铜（CuI）	分析纯	上海阿拉丁生化科技股份有限公司
氢氧化钾（KOH）	分析纯	国药集团化学试剂有限公司
氢氧化钠（NaOH）	分析纯	国药集团化学试剂有限公司
碳酸钾（K_2CO_3）	分析纯	国药集团化学试剂有限公司
碳酸铯（Cs_2CO_3）	分析纯	国药集团化学试剂有限公司
N,N-二甲基甲酰胺（DMF）	分析纯	国药集团化学试剂有限公司
乙腈（CH_3CN）	分析纯	国药集团化学试剂有限公司
甲苯（toluene）	分析纯	国药集团化学试剂有限公司
二甲亚砜（DMSO）	分析纯	国药集团化学试剂有限公司
三氯甲烷（$CHCl_3$）	分析纯	国药集团化学试剂有限公司
无水乙醇（EtOH）	分析纯	国药集团化学试剂有限公司
无水甲醇（CH_3OH）	分析纯	国药集团化学试剂有限公司
乙酸乙酯（EA）	分析纯	国药集团化学试剂有限公司
盐酸（HCl）	分析纯	国药集团化学试剂有限公司
碘苯	分析纯	上海阿拉丁生化科技股份有限公司
溴苯	分析纯	上海阿拉丁生化科技股份有限公司

表 2-2   实验所用仪器

仪器名称	型号	生产厂家
X 射线单晶衍射仪	SMART APEX Ⅱ	德国 Bruker 公司
X 射线粉末衍射仪	XRPD-6000	日本 Shimadzu 公司
核磁共振仪	Avance Ⅱ 400 MHz	德国 Bruker 公司
元素分析仪	Vario Ⅲ	德国 Elementar 公司
液质联用仪	Agilent 6110	美国安捷伦公司

2.2.2   基于 DABCO 配体构筑配合物的研究

2.2.2.1   配体及配合物的合成

A   配体 1-(4-vinylbenzyl)-1,4-diazabicyclo[2.2.2]octane chloride 的合成

在50 mL 的圆底烧瓶中，加入 DABCO(1.121 g，10 mmol) 和 30 mL CHCl₃，磁力搅拌溶解澄清后，再加入 4-乙烯基苄基氯（1.526 g，10 mmol），数分钟后析出白色固体物。过滤，以 CHCl₃ 洗涤滤饼，得目标产物 1-(4-vinylbenzyl)-1,4-diazabicyclo[2.2.2]octane chloride(VBDABCO)，如图 2-1 所示。

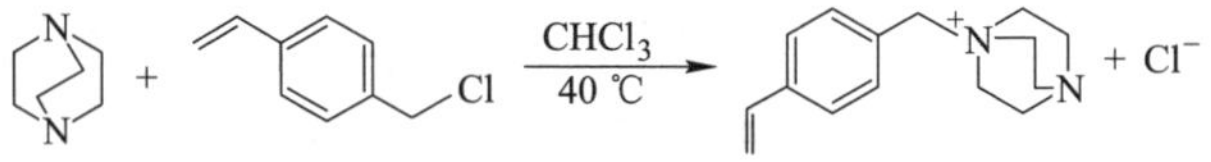

图 2-1   VBDABCO 配体合成示意图

B   配体 1,4-bis(4-vinylbenzyl)-1,4-diazabicyclo[2.2.2]octane chloride 的合成

在 50 mL 的圆底烧瓶中，加入 DABCO(1.121 g，10 mmol) 和 30 mL CHCl₃，磁力搅拌溶解澄清后，再加入 4-乙烯基苄基氯（3.052 g，22 mmol），数分钟后析出白色固体物。过滤，以 CHCl₃ 洗涤滤饼，得目标产物 1,4-bis(4-vinylbenzyl)-1,4-diazabicyclo[2.2.2]octane chloride(BVBDABCO)，如图 2-2 所示。

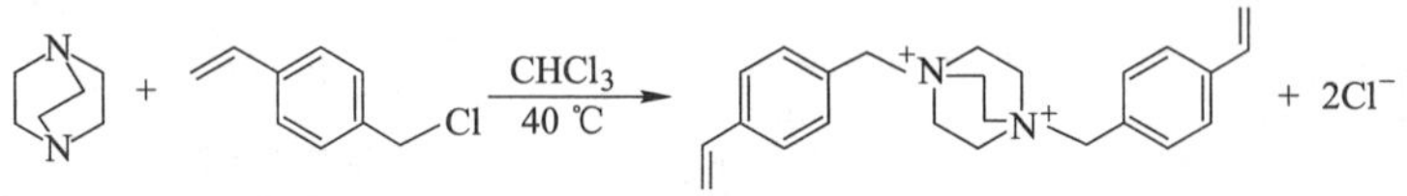

图 2-2   BVBDABCO 配体合成示意图

C   配体 1-allyl-1,4-diazabicyclo[2.2.2]octane bromide 的合成

在 50 mL 的圆底烧瓶中，以 30 mL CHCl₃ 为溶剂，依次加入 DABCO(1.121 g，10 mmol) 和烯丙基溴（1.210 g，10 mmol），磁力搅拌，回流反应。利用薄层色谱法（TLC）跟踪反应，约 8 h 反应结束。减压蒸馏除去溶剂，得到淡灰色油状目标产物 1-allyl-1,4-diazabicyclo[2.2.2]octane bromide(ADABCO)，如图 2-3 所示。

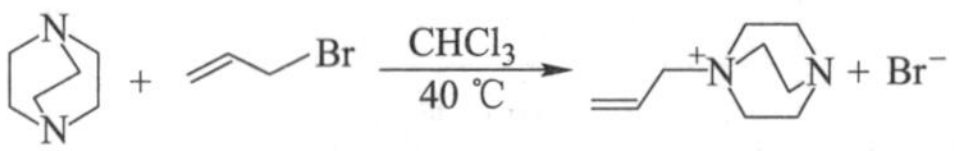

图 2-3   ADABCO 配体合成示意图

D 配体 1,4-diallyl-1,4-diazabicyclo[2.2.2]octane bromide 的合成

在 50 mL 的圆底烧瓶中，以 30 mL CHCl$_3$ 为溶剂，依次加入 DABCO（1.122 g，10 mmol）和烯丙基溴（2.419 g，20 mmol），磁力搅拌，回流反应。利用 TLC 跟踪反应，约 12 h 反应结束。冷冻后烧瓶中出现淡黄色固体，抽滤，滤饼用 CHCl$_3$ 洗涤，真空干燥后得目标产物 1,4-diallyl-1,4-diazabicyclo[2.2.2]octane bromide（DADABCO），如图 2-4 所示。

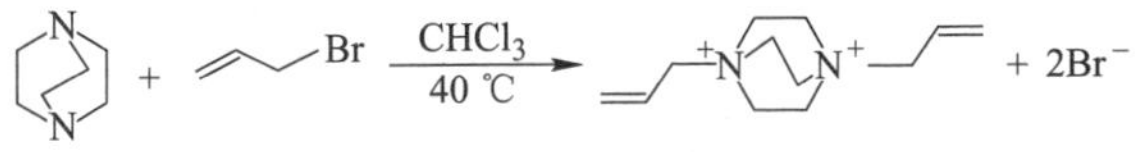

图 2-4 DADABCO 配体合成示意图

E 配合物 Cu$_4$(VBDABCO)$_4$I$_4$(1) 的合成

称取 VBDABCO 配体（0.132 g，0.5 mmol）和 CuI（0.190 g，1 mmol）置于派热克斯玻璃管（耐热玻璃管）中，再加入 1.2 mL 无水甲醇和 0.3 mL 去离子水，充分振荡混合均匀后对耐热玻璃管进行负压排气处理。耐热玻璃管中的样品经 3~4 次的温水解冻和液氮冷冻操作，充分将夹杂在样品间的空气排除干净，然后用高温火焰进行密封。密封好的耐热玻璃管置于 60 ℃ 的烘箱中，3 天后取出，可见耐热玻璃管中生成大量淡黄色晶体，通过分离得配合物 1，产率约 67%（以 VBDABCO 配体计）。

F 配合物 Cu$_2$(BVBDABCO)Cl$_4$(2) 的合成

称取 BVBDABCO 配体（0.208 g，0.5 mmol）和 CuCl（0.0988 g，1 mmol）置于耐热玻璃管中，再加入 1.2 mL 无水甲醇和 0.3 mL 去离子水，充分振荡混合均匀后对耐热玻璃管进行负压排气处理。采取配合物 1 的后续制备方法，耐热玻璃管中生成大量深黄色晶体，通过分离得配合物 2，产率约 84%（以 BVBDABCO 配体计）。

G 配合物 Cu$_4$(ADABCO)$_2$I$_6$(3) 的合成

称取 ADABCO 配体（0.117 g，0.5 mmol）和 CuI（0.191 g，1 mmol）置于耐热玻璃管中，再加入 1.2 mL 无水甲醇和 0.3 mL 去离子水，充分振荡混合均匀后对耐热玻璃管进行负压排气处理。采取配合物 1 的后续制备方法，将密封好的耐热玻璃管置于 55 ℃ 的烘箱中，恒温反应 3 天后取出，可见耐热玻璃管中生成大量淡绿色晶体，通过分离得配合物 3，产率约 69%（以 ADABCO 配体计）。

H 配合物 Cu$_5$(DADABCO)I$_9$(4) 的合成

称取 DADABCO 配体（0.175 g，0.5 mmol）和 CuI（0.190 g，1 mmol）置于耐热玻璃管中，再加入 1.2 mL 无水甲醇和 0.3 mL 去离子水，充分振荡混合均匀

后对耐热玻璃管进行负压排气处理。采取配合物 1 的后续制备方法，将密封好的耐热玻璃管置于 65 ℃的烘箱中，恒温反应 3 天后取出，可见耐热玻璃管中生成大量淡绿色晶体，通过分离得配合物 4，产率约 78%（以 DADABCO 配体计）。

2.2.2.2　配合物结构表征

A　X 射线单晶衍射

采用 X 射线单晶衍射仪对配合物 1~4 进行单晶衍射测试，仪器采用石墨单色化 Mo Kα 射线（$\lambda = 0.0712$ nm），室温下收集衍射点数据。采用全矩阵最小二乘法对结构进行精修，以直接法解析精修的单晶结构。所有非氢原子采取各向异性热参数，氢原子采用各向同性热参数。配合物 1~4 的晶体学数据和精修参数见表 2-3。配合物 1~4 的部分键长和键角见表 2-4。

表 2-3　配合物 1~4 的晶体结构数据和精修参数

参数	配合物 1	配合物 2	配合物 3	配合物 4
经验式	$C_{15}H_{19}CuIN_2$	$C_{24}H_{30}Cl_4Cu_2N_2$	$C_{37}H_{68}Cu_8I_{12}N_8$	$C_{12}H_{22}Cu_5I_9N_2$
温度/K	293（2）	293（2）	293（2）	293（2）
晶体颜色	淡黄色	暗黄色	淡绿色	淡绿色
相对分子质量	417.78	615.38	2656.20	1654.19
晶系	四方晶系	三斜晶系	单斜晶系	正交晶系
空间群	$I4_1/a$	$P\overline{1}$	$P2_1/c$	$Pbcn$
a/nm	3.00250（6）	0.72040（4）	1.57915（8）	1.60890（3）
b/nm	3.00250（6）	0.85930（5）	2.96034（15）	1.65980（3）
c/nm	0.89316（17）	2.11120（12）	1.56171（9）	1.53130（3）
α/(°)	90.000	89.153（7）	90.000	90.000
β/(°)	90.000	85.294（7）	111.220（3）	90.000
γ/(°)	90.000	84.604（6）	90.000	90.000
V/nm³	8.0520（2）	1.2967（13）	6.8057（6）	4.0893（13）
Z	4	2	4	4
$F(000)$	5440.0	628.0	4888.0	3892.0
h、k、l 范围	$-26 \leqslant h \leqslant 34$, $-33 \leqslant k \leqslant 27$, $-10 \leqslant l \leqslant 10$	$-8 \leqslant h \leqslant 8$, $-10 \leqslant k \leqslant 10$, $-25 \leqslant l \leqslant 25$	$-15 \leqslant h \leqslant 15$, $-29 \leqslant k \leqslant 29$, $-15 \leqslant l \leqslant 15$	$-12 \leqslant h \leqslant 17$, $-13 \leqslant k \leqslant 18$, $-15 \leqslant l \leqslant 16$
F^2 上的拟合度	1.348	1.029	1.165	1.447
最终的 R 因子 [$I>2\sigma(I)$]	$R_1 = 0.0912$, $wR_2 = 0.3098$	$R_1 = 0.0557$, $wR_2 = 0.1392$	$R_1 = 0.1151$, $wR_2 = 0.3152$	$R_1 = 0.0905$, $wR_2 = 0.2429$
R 因子（所有数据）	$R = 0.1207$, $wR_2 = 0.3370$	$R = 0.0957$, $wR_2 = 0.1572$	$R = 0.1427$, $wR_2 = 0.3355$	$R = 0.1271$, $wR_2 = 0.2776$

表 2-4 配合物 1~4 的部分键长和键角

配合物 1

原子及其对称等效位置	键长/nm	原子及其对称等效位置	键长/nm
Cu1—N1	0.2098（13）	Cu2—I2	0.2235（6）
Cu1—Cu1 i	0.2622（3）	I3—Cu2 iv	0.2560（5）
Cu1—Cu1 ii	0.2622（3）	Cu2—I3 iv	0.2560（5）
Cu1—I1 iii	0.2664（2）	Cu2—I3	0.2565（5）
Cu1—I1	0.2687（2）	Cu2—Cu2 iv	0.2758（10）
Cu1—Cu1 iii	0.2701（4）	I1—Cu1 iii	0.2664（2）
Cu1—I1 i	0.2733（2）	I1—Cu1 ii	0.2733（2）
原子及其对称等效位置	键角/（°）	原子及其对称等效位置	键角/（°）
N1—Cu1—Cu1 i	142.60（4）	Cu1 i—Cu1—Cu1 iii	59.00（4）
N1—Cu1—Cu1 ii	139.70（4）	Cu1 ii—Cu1—Cu1 iii	59.00（4）
Cu1 i—Cu1—Cu1 ii	61.99（8）	I1 iii—Cu1—Cu1 iii	60.10（8）
N1—Cu1—I1 iii	108.60（4）	I1—Cu1—Cu1 iii	59.27（8）
Cu1 i—Cu1—I1 iii	62.25（7）	N1—Cu1—I1 i	101.10（3）
Cu1 ii—Cu1—I1 iii	111.72（7）	Cu1 i—Cu1—I1 i	60.19（8）
Cu1 i—Cu1—I1	111.00（7）	Cu1 ii—Cu1—I1 i	59.63（9）
Cu1 ii—Cu1—I1	61.94（7）	I1 iii—Cu1—I1 i	116.48（8）
I1 iii—Cu1—I1	107.83（8）	I1—Cu1—I1 i	115.71（8）
N1—Cu1—Cu1 iii	151.60（3）	Cu1 iii—Cu1—I1 i	107.28（5）
I3 iv—Cu2—Cu2 iv	57.54（16）	I2—Cu2—I3 iv	127.30（2）
I3—Cu2—Cu2 iv	57.37（16）	I2—Cu2—I3	117.60（2）
Cu1 iii—I1—Cu1	60.62（8）	I3 iv—Cu2—I3	114.91（19）
Cu1 iii—I1—Cu1 ii	58.12（7）	I2—Cu2—Cu2 iv	173.70（3）
Cu1—I1—Cu1 ii	57.87（7）	Cu2 iv—I3—Cu2	65.09（19）

配合物 2

原子及其对称等效位置	键长/nm	原子及其对称等效位置	键长/nm
Cu1—C4	0.2043（6）	Cu1—Cl4	0.2806（2）
Cu1—C7	0.2118（6）	Cu2—Cl3	0.2109（2）
Cu1—Cl2	0.2249（2）	Cu2—Cl4	0.2111（2）
Cu1—Cl1	0.2270（2）	Cu2—Cl1	0.2916（2）
原子及其对称等效位置	键角/（°）	原子及其对称等效位置	键角/（°）
C4—Cu1—C7	38.00（2）	Cu1—Cl1—Cu2	76.19（5）
C4—Cu1—Cl2	106.40（2）	Cu2—Cl4—Cu1	81.07（6）

配合物 2			
原子及其对称等效位置	键角/(°)	原子及其对称等效位置	键角/(°)
C7—Cu1—Cl2	141.46 (18)	Cl2—Cu1—Cl4	100.58 (7)
C4—Cu1—Cl1	141.67 (19)	Cl1—Cu1—Cl4	96.46 (6)
C7—Cu1—Cl1	104.20 (17)	Cl3—Cu2—Cl4	161.79 (9)
Cl2—Cu1—Cl1	107.00 (6)	Cl3—Cu2—Cl1	100.19 (7)
C4—Cu1—Cl4	95.46 (19)	Cl4—Cu2—Cl1	97.02 (7)
C7—Cu1—Cl4	97.80 (17)		

配合物 3			
原子及其对称等效位置	键长/nm	原子及其对称等效位置	键长/nm
Cu1—I1	0.2578 (6)	Cu5—I8	0.2611 (6)
Cu1—I3	0.2636 (6)	Cu5—I12	0.2611 (6)
Cu1—I2	0.2728 (6)	Cu5—I11	0.2704 (6)
Cu2—N1AA	0.2110 (3)	Cu6—N2	0.2150 (3)
Cu2—I1	0.2591 (6)	Cu6—I10	0.2579 (6)
Cu2—I5	0.2622 (6)	Cu6—I12	0.2596 (6)
Cu2—I2	0.2722 (6)	Cu6—I11	0.2741 (7)
Cu3—I4	0.2353 (7)	Cu7—I7	0.2326 (8)
Cu3—I3	0.2660 (7)	Cu7—I10	0.2724 (8)
Cu3—I5	0.2716 (8)	Cu7—I9	0.2735 (9)
Cu3—I6	0.2746 (9)	Cu7—I8	0.2786 (8)
Cu4—I6	0.2470 (7)	Cu8—I11	0.2532 (7)
Cu4—I2	0.2548 (7)	Cu8—I9	0.2576 (7)
Cu4—I5	0.2783 (8)	Cu8—I8	0.2806 (8)
Cu4—I3	0.2828 (7)	Cu8—I10	0.2851 (9)
Cu5—N1	0.2140 (3)	Cu1—N6	0.2130 (3)
原子及其对称等效位置	键角/(°)	原子及其对称等效位置	键角/(°)
N6—Cu1—I1	103.10 (8)	C5—N1—Cu5	106.00 (3)
N6—Cu1—I3	103.30 (8)	I12—Cu6—I11	106.90 (2)
I1—Cu1—I3	114.90 (2)	I7—Cu7—I10	112.60 (3)
N6—Cu1—I2	107.60 (9)	I7—Cu7—I9	125.60 (3)
I1—Cu1—I2	110.00 (2)	I10—Cu7—I9	100.10 (3)
I3—Cu1—I2	116.50 (2)	I7—Cu7—I8	110.50 (3)
N1AA—Cu2—I1	104.80 (9)	I10—Cu7—I8	102.70 (3)

配合物3			
原子及其对称等效位置	键角/(°)	原子及其对称等效位置	键角/(°)
N1AA—Cu2—I5	101.80 (9)	I9—Cu7—I8	102.60 (2)
I1—Cu2—I5	116.20 (2)	I11—Cu8—I9	121.10 (3)
N1AA—Cu2—I2	109.70 (9)	I11—Cu8—I8	114.50 (3)
I1—Cu2—I2	109.80 (2)	I9—Cu8—I8	106.30 (3)
I5—Cu2—I2	113.70 (2)	I11—Cu8—I10	112.20 (3)
I4—Cu3—I3	118.10 (3)	I9—Cu8—I10	100.80 (3)
I4—Cu3—I5	118.40 (3)	I8—Cu8—I10	99.10 (2)
I3—Cu3—I5	106.50 (2)	Cu1—I1—Cu2	61.59 (18)
I4—Cu3—I6	116.00 (3)	Cu4—I2—Cu2	61.60 (2)
I3—Cu3—I6	98.40 (2)	Cu4—I2—Cu1	60.32 (19)
I5—Cu3—I6	95.50 (2)	Cu2—I2—Cu1	58.09 (17)
I6—Cu4—I2	121.80 (3)	Cu1—I3—Cu3	105.30 (2)
I6—Cu4—I5	100.50 (3)	Cu1—I3—Cu4	58.02 (17)
I2—Cu4—I5	114.10 (3)	Cu3—I3—Cu4	54.17 (19)
I6—Cu4—I3	100.90 (3)	Cu2—I5—Cu3	106.30 (2)
I2—Cu4—I3	116.00 (3)	Cu2—I5—Cu4	59.94 (18)
I5—Cu4—I3	100.30 (2)	Cu3—I5—Cu4	54.20 (2)
N1—Cu5—I8	104.80 (9)	Cu4—I6—Cu3	57.10 (2)
N1—Cu5—I12	106.90 (10)	Cu5—I8—Cu7	105.50 (2)
Cu6—I12—Cu5	61.31 (18)	Cu5—I11—Cu6	58.35 (17)
N1—Cu5—I11	101.70 (10)	Cu5—I8—Cu8	59.96 (18)
I8—Cu5—I11	115.30 (2)	Cu7—I8—Cu8	51.50 (2)
I12—Cu5—I11	107.50 (2)	Cu8—I9—Cu7	54.40 (2)
N2—Cu6—I10	101.10 (9)	Cu6—I10—Cu7	106.20 (2)
N2—Cu6—I12	106.30 (9)	Cu6—I10—Cu8	60.53 (19)
I10—Cu6—I12	121.90 (3)	Cu7—I10—Cu8	51.60 (2)
N2—Cu6—I11	104.40 (9)	Cu8—I11—Cu5	62.30 (2)
I10—Cu6—I11	114.40 (2)	Cu8—I11—Cu6	62.60 (2)

配合物4			
原子及其对称等效位置	键长/nm	原子及其对称等效位置	键长/nm
Cu1—I1	0.2455 (5)	I4—Cu3 [i]	0.2477 (5)
Cu1—I3	0.2576 (4)	Cu2—Cu1 [i]	0.2935 (4)

配合物 4			
原子及其对称等效位置	键长/nm	原子及其对称等效位置	键长/nm
Cu1—I2	0.2600 (4)	Cu3—I2 ^{i}	0.2462 (5)
Cu1—I5	0.2754 (4)	Cu3—I4	0.2477 (5)
Cu1—Cu3 ^{i}	0.2892 (6)	Cu3—Cu3 ^{i}	0.2589 (9)
Cu2—I3	0.2508 (4)	Cu3—I5	0.2620 (5)
Cu2—I3 ^{i}	0.2508 (4)	Cu3—Cu1 ^{i}	0.2892 (6)
Cu2—I5	0.2634 (3)	I2—Cu3 ^{i}	0.2462 (5)
Cu2—I5 ^{i}	0.2634 (3)	Cu2—Cu3 ^{i}	0.2856 (5)
原子及其对称等效位置	键角/(°)	原子及其对称等效位置	键角/(°)
I1—Cu1—I3	111.60 (16)	I4—Cu3—Cu1 ^{i}	132.00 (2)
I1—Cu1—I2	109.77 (17)	Cu3 ^{i} —Cu3—Cu1 ^{i}	102.70 (2)
I3—Cu1—I2	112.26 (16)	I5—Cu3—Cu1 ^{i}	109.29 (15)
I1—Cu1—I5	105.37 (16)	Cu3 ^{i} —I2—Cu1	69.64 (15)
I3—Cu1—I5	101.29 (15)	Cu2—I3—Cu1	70.52 (13)
I2—Cu1—I5	116.16 (15)	Cu3 ^{i} —I4—Cu3	63.00 (2)
I1—Cu1—Cu3 ^{i}	151.58 (18)	Cu3—I5—Cu2	65.86 (12)
I3—Cu1—Cu3 ^{i}	96.58 (16)	Cu3—I5—Cu1	105.78 (14)
I2—Cu1—Cu3 ^{i}	52.93 (12)	Cu2—I5—Cu1	65.98 (9)
I5—Cu1—Cu3 ^{i}	71.18 (13)	I3 ^{i} —Cu2—Cu3 ^{i}	149.88 (15)
I3—Cu2—I3 ^{i}	110.00 (19)	I5—Cu2—Cu3 ^{i}	73.46 (14)
I3—Cu2—I5	106.56 (8)	I5 ^{i} —Cu2—Cu3 ^{i}	56.84 (12)
I3 ^{i} —Cu2—I5	104.49 (7)	I3—Cu2—Cu1 ^{i}	145.40 (14)
I3—Cu2—I5 ^{i}	104.48 (7)	I3 ^{i} —Cu2—Cu1 ^{i}	55.81 (9)
I3 ^{i} —Cu2—I5 ^{i}	106.56 (8)	I5—Cu2—Cu1 ^{i}	107.63 (11)
I5—Cu2—I5 ^{i}	124.38 (18)	I5 ^{i} —Cu2—Cu1 ^{i}	58.98 (9)
I3—Cu2—Cu3 ^{i}	99.06 (11)	Cu3 ^{i} —Cu2—Cu1 ^{i}	95.48 (15)
I2 ^{i} —Cu3—I5	125.33 (18)	I2 ^{i} —Cu3—I4	117.30 (16)
I4—Cu3—I5	108.80 (17)	I2 ^{i} —Cu3—Cu3 ^{i}	151.70 (3)
Cu3 ^{i} —Cu3—I5	78.27 (19)	I4—Cu3—Cu3 ^{i}	58.49 (10)
I2 ^{i} —Cu3—Cu1 ^{i}	57.43 (13)		

注：配合物 1 的对称代码为：（ⅰ）$y-3/4$, $-x+3/4$, $-z-1/4$；（ⅱ）$-y+3/4$, $x+3/4$, $-z-1/4$；（ⅲ）$-x$, $-y+3/2$, z；（ⅳ）$-x$, $-y$, $-z+1$。配合物 4 的对称代码为：（ⅰ）$-x+1$, y, $-z+1/2$。

B X射线粉末衍射

X射线粉末衍射（XRPD）通常应用于晶体结构的辅助分析。在室温下，对配合物1~4模拟的XRPD所得到的谱图与通过X射线粉末衍射仪测试得到的谱图进行比较，由图2-5可知，四个谱图中测试峰值与模拟峰值基本吻合，由此可以确定配合物1~4均为单一的纯品。

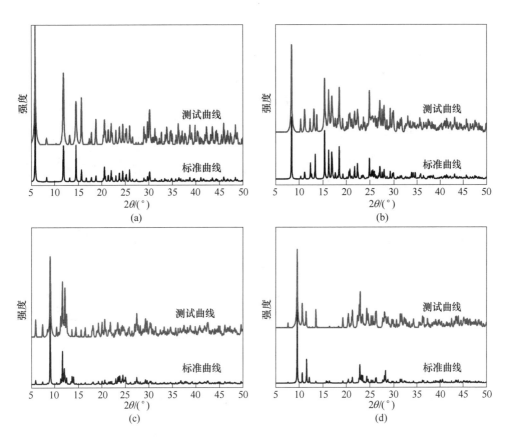

图2-5 配合物1~4的XRPD分析谱图

（a）配合物1；（b）配合物2；（c）配合物3；（d）配合物4

2.2.2.3 配合物结构描述

A 配合物 $Cu_4(VBDABCO)_4I_4(1)$ 的晶体结构描述

配合物1中心 $Cu(II)$ 处在由一个VBDABCO配体中未修饰的N原子和三个I原子组成的扭曲四面体的四配位环境中（图2-6（a））。如图2-6（b）所示，以 Cu和I交替为顶点组成了一个扭曲六面体 Cu_4I_4 簇。

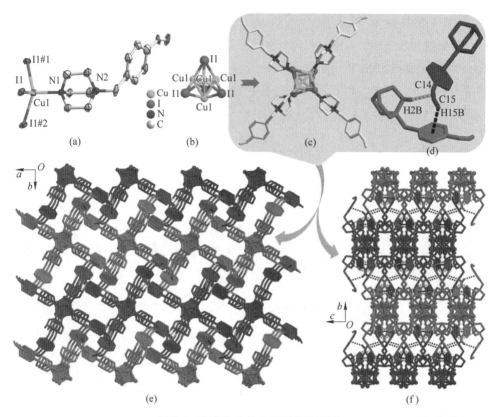

图 2-6 配合物 1 的空间结构展示图

（a）配合物 1 的配位环境图；（b）Cu_4I_4 簇示意图；（c）由 Cu_4I_4 簇
和配体组成的基本单元图；（d）不同层间相邻配体间的相互作用细节图；
（e）沿 c 轴的由非共价键作用扩展连接的 3D 结构堆积图；
（f）沿 a 轴的由非共价键作用扩展连接的 3D 结构堆积图

图 2-6 彩图

中心簇的 4 个 Cu 原子分别与 4 个 VBDABCO 配体成键，形成一个独立的单分子结构（图 2-6（c））。单分子配合物 1 之间存在两种 C—H…π 相互作用（图 2-6（d））：一是相邻分子间的相近配体所产生的如 C2—H2B…π 的一种相互作用，其中 π 电子由乙烯基提供；另一种同样是相邻分子间相近配体所产生的如 C15—H15B…π 的一种相互作用，而不同的是其 π 电子由苯环提供。C15—H15B…π 形式的相互作用可沿 c 轴堆积图予以展示，在图 2-6（e）中以空间有序的 3D 结构呈现。如图 2-6（f）所示，分子间 C2—H2B…π 形式的相互作用可沿 a 轴堆积图予以展示。

B 配合物 $Cu_2(BVBDABCO)Cl_4(2)$ 的晶体结构描述

配合物 2 中心 Cu 有两种配位环境，Cu1 处在一个由三个 Cl 原子及一个乙烯键形成的四配位环境中；Cu2 处在由三个 Cl 原子组成的扭曲平面三配位环境中，所用的 BVBDABCO 配体仅一侧烯键参与配位（图 2-7（a））。

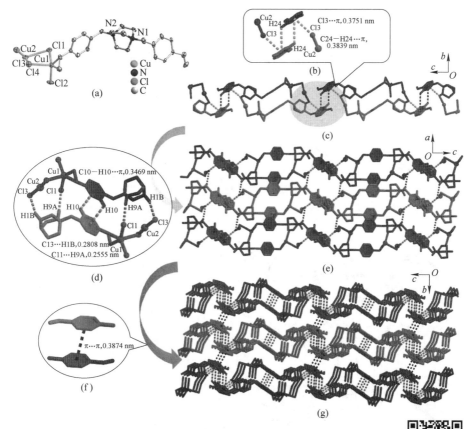

图 2-7　配合物 2 的空间结构展示图

（a）配合物 2 的配位环境图；（b）不同相邻分子间的相互作用细节图；

（c）通过相邻分子间非共价键作用扩展连接的沿 a 轴的 1D 结构；

（d）不同链间相邻配体间的相互作用细节图；

（e）沿 b 轴的由非共价键作用扩展连接的 2D 结构堆积图；（f）相邻苯环间的

π···π 相互作用细节图；（g）沿 a 轴的由非共价键作用扩展连接的 3D 结构堆积图

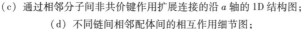

图 2-7 彩图

　　配合物 2 中存在一种分子间卤键 Cl3···π 和一种分子间 C—H···π 相互作用，如图 2-7（b）所示，其中 Cl3 与 Cu2 相连，π 电子由配体中的苯环提供。经上述两种弱相互作用，使得该单分子配合物互相连接成空间有序的 1D 结构，其沿 a 轴的结构堆积图如图 2-7（c）所示。图 2-7（d）所示的分子间 C10—H10···π 相互作用、非典型氢键 C1—H1B···Cl3 和 C9—H9A···Cl1 的作用，使得 1D 链状结构沿 b 轴构建形成空间有序的 2D 结构（图 2-7（e））。该 2D 结构再通过相邻配体中苯环的 π···π 作用（图 2-7（f）），构建形成空间有序的 3D 结构，其结构堆积图沿 a 轴予以展示（图 2-7（g））。

C　配合物 Cu$_4$(ADABCO)$_2$I$_6$(3) 的晶体结构描述

配合物 3 的晶胞内存在两个 Cu$_4$I$_6$ 原子簇，其中 Cu1、Cu2、Cu5、Cu6 分别与 ADABCO 配体中未修饰的 N 原子配位成键，两个分子的分子式相同，结构也相同，只是它们的空间扭曲略有区别（图 2-8（a））。单分子配合物 3 之间存在

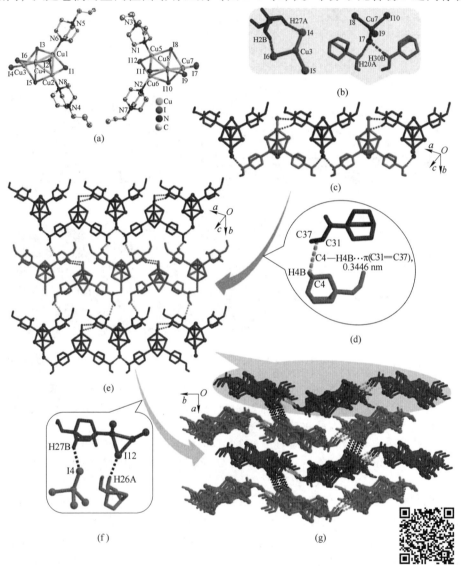

图 2-8　配合物 3 的空间结构展示图

图 2-8 彩图

（a）配合物 3 的配位环境图；（b）不同相邻分子间的 C—H⋯X 相互作用细节图；
（c）通过相邻分子间非共价键作用扩展连接的 1D 结构图；（d）不同链间相邻配体间的
相互作用细节图；（e）由 1D 链间非共价键作用扩展连接的 2D 结构堆积图；（f）相邻 2D 面
层间的 C—H⋯X 相互作用细节图；（g）沿 c 轴的由 2D 面间非共价键作用扩展连接的 3D 结构堆积图

一种 C—H…I 非典型氢键作用和一种 C—H…π 相互作用。如图 2-8（b）和（f）所示，该类氢键是由一个分子的中心簇 I 原子与相邻分子的 ADABCO 配体中的 C—H 键相互作用形成。如图 2-8（c）所示，经 C2—H2B…I6、C27—H27A…I4、C20—H20A…I7 和 C30—H30B…I7 这四个非典型氢键作用，单分子互相连接呈现出空间有序的 1D 结构。图 2-8（d）所示的 C4—H4B…π 相互作用，是一个分子的配体 ADABCO 中的 C—H 键与相邻配体 ADABCO 的烯丙基中的 π 电子相互作用的结果，各分子经该相互作用连接后，由 1D 结构构建成了空间有序的 2D 结构（图 2-8（e））。此空间 2D 结构再经 C27—H27B…I4、C26—H26A…I12 非典型氢键作用的连接，又构建出了空间有序的 3D 结构，其沿 c 轴的结构堆积图如图 2-8（g）所示。

D 配合物 $Cu_5(DADABCO)I_9(4)$ 的晶体结构描述

配合物 4 的晶胞内存在一个 Cu_5I_9 原子簇和一个配体 DADABCO 单分子（图 2-9（a）），配体 DADABCO 与簇没有以配位键形式连接，而是以非共价键形式互相作用连接。簇与配体之间存在多个 C—H…I 非典型氢键作用，图 2-9（b）所示的一些氢键将簇与配体分子连接成空间 1D 链状结构（图 2-9（c））。如图 2-9（d）所示，经 C1—H1…π(C1＝C2) 相互作用，其将空间 1D 链状结构连接成空间有序的 2D 结构（图 2-9（e）），其中 C1＝C2 键由配体 DADABCO 单分子提供。之后此空间的 2D 结构再经 C—H…I 非典型氢键作用，在图 2-9（f）所示的 C3—H3A…I3、C5—H5A…I1、C6—H6A…I3、C6—H6B…I1 和 C9—H9B…I3 等系列非典型氢键作用的连接下，构建出了空间有序的 3D 结构，其沿 a 轴的结构堆积图如图 2-9（g）所示。

2.2.2.4 配合物热稳定性研究

为研究配合物的热稳定性，本书对配合物 1~4 进行了热失重分析，如图 2-10 所示。

如图 2-10（a）所示，配合物 1 在 20~280 ℃温度范围内缓慢失去晶体吸附的溶剂分子，失重约 4%；在 280~550 ℃温度范围内约有 25%的失重，可能是化合物中取代基受热分解所致；配合物分子金属骨架在 550 ℃开始完全分解。

如图 2-10（b）所示，配合物 2 在 20~260 ℃温度范围内缓慢失去晶体吸附的溶剂分子，失重约 4%；在 260~540 ℃温度范围内约有 24%的失重，可能是化合物中取代基受热分解所致；配合物分子金属骨架在 540 ℃开始完全分解。

如图 2-10（c）所示，配合物 3 在 20~270 ℃温度范围内缓慢失去晶体吸附的溶剂分子，失重约 2%；在 270~550 ℃温度范围内约有 28%的失重，可能是化合物中取代基受热分解所致；配合物分子金属骨架在 550 ℃开始完全分解。

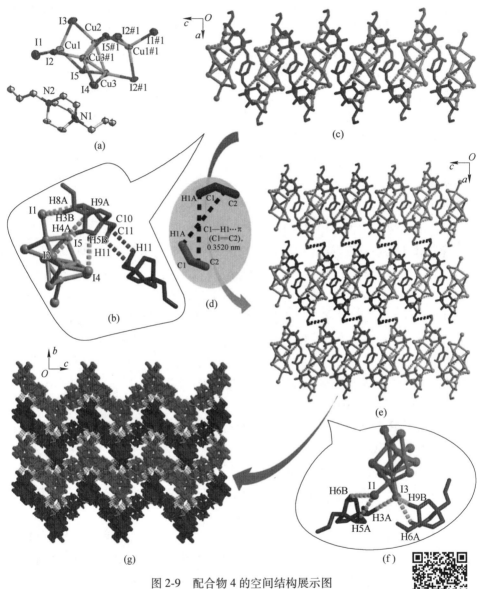

图 2-9 配合物 4 的空间结构展示图

（a）配合物 4 的配位环境图；（b）不同相邻分子间的 C—H…X
相互作用细节图；（c）通过相邻分子间非共价键作用扩展连接的沿
b 轴的 1D 结构图；（d）不同链间相邻配体间的相互作用细节图；
（e）沿 b 轴的由 1D 链间非共价键作用扩展连接的 2D 结构堆积图；（f）相邻 2D 面层间
的 C—H…X 相互作用细节图；（g）沿 a 轴的由 2D 面间非共价键作用扩展连接的 3D 结构堆积图

图 2-9 彩图

如图 2-10（d）所示，配合物 4 在 20~200 ℃温度范围内缓慢失去晶体吸附
的溶剂分子，失重约 5%；在 200~300 ℃温度范围内约有 15% 的失重，可能是化

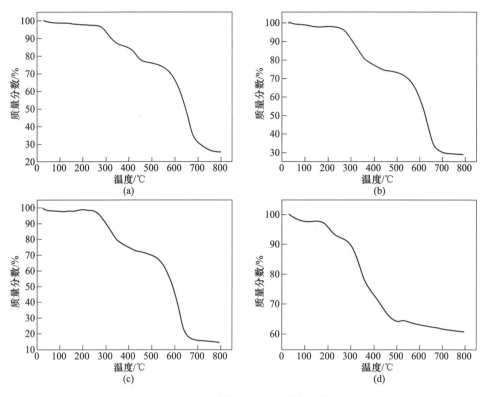

图 2-10　配合物的热失重分析曲线

（a）配合物 1；（b）配合物 2；（c）配合物 3；（d）配合物 4

合物中取代基受热分解所致；配合物分子金属骨架在 300 ℃开始完全分解，该配合物在较低温度下开始分解，与其配体没有以配位键的形式与金属 Cu 配位的结构特征相吻合。

2.2.3　配合物催化 C—C 键形成的研究

2.2.3.1　催化剂筛选及反应条件优化

本书以 4-乙氧基碘苯和 4-乙炔基甲苯为 C—C 键交叉偶联反应的底物，以碱金属碳酸盐为碱，进行催化剂的筛选及反应条件的优化（表 2-5）。首先，本书进行了空白实验，在无任何催化剂的条件下，以甲苯为溶剂时，检测到 5.6%的目标产物（序号 1），而以 DMF 和 CH₃CN 为溶剂时，未检测到目标产物（序号 2~3）。在单独以 CuI 为催化剂的条件下，目标产物的产率均未达到 10%（序号 4~6）。之后选取本章得到的 4 个基于 DABCO 设计构筑的 Cu（Ⅰ/Ⅱ）Lₓ 配合物进行筛选。通过结构分析，选用存在三配位 Cu（Ⅰ）的配合物作为首选催化剂，以配合物 2 为催化剂时，本书对反应所用溶剂及碱的变化进行实验对比，结果显示在以甲苯为溶剂时，催化效果最好，以 Cs_2CO_3 为碱时要略优于 K_2CO_3，目标产率最高可达81%（序号7~12）。增加配合物2的投入量，对产物产率并没有较大影响（序号13）。选取单分子结构配合物3为催化剂时，催化效果低于配合物2（序号14~17）。而在以四配位 Cu(II) 的配合物1和配合物4为催化剂的条件下，以 DMF、甲苯为溶剂，对比以 CuI 为催化剂，目标产物产率仅提高 5%~15%（序号18~25）。综上，以基于 DABCO 构筑的配合物2和配合物3可以对卤代芳烃与端基炔烃进行催化，且最优条件是以5%（摩尔分数）的配合物2或5%（摩尔分数）的配合物3为催化剂，以10%（摩尔分数）的 Cs_2CO_3 为碱，起始原料为4-乙氧基碘苯（0.5 mmol）和4-乙炔基甲苯（0.5 mmol），以1.5 mL的甲苯为溶剂，于空气中、常压下反应6~7 h，反应温度为80 ℃。

表 2-5   催化剂筛选及反应条件优化

序号[①]	催化剂	碱	溶剂	产率[②]/%
1	—	K_2CO_3	甲苯	5.6
2	—	K_2CO_3	DMF	—
3	—	K_2CO_3	CH_3CN	—
4	CuI	K_2CO_3	甲苯	8.3
5	CuI	K_2CO_3	DMF	1.9
6	CuI	K_2CO_3	CH_3CN	2.8
7	配合物2	K_2CO_3	甲苯	79.3
8	配合物2	K_2CO_3	DMF	76.1
9	配合物2	K_2CO_3	CH_3CN	49.5
10	配合物2	K_2CO_3	DMSO	53.9
11	配合物2	Cs_2CO_3	甲苯	81.0
12	配合物2	Cs_2CO_3	DMF	78.5
13	配合物2[③]	Cs_2CO_3	甲苯	82.3
14	配合物3	K_2CO_3	甲苯	71.4
15	配合物3	K_2CO_3	DMF	70.2
16	配合物3	Cs_2CO_3	甲苯	78.9
17	配合物3	Cs_2CO_3	DMF	79.2
18	配合物1	K_2CO_3	甲苯	11.6
19	配合物1	K_2CO_3	DMF	9.8

序号①	催化剂	碱	溶剂	产率②/%
20	配合物 1	Cs_2CO_3	甲苯	12.3
21	配合物 1	Cs_2CO_3	DMF	13.1
22	配合物 4	K_2CO_3	甲苯	10.4
23	配合物 4	K_2CO_3	DMF	11.9
24	配合物 4	Cs_2CO_3	甲苯	21.1
25	配合物 4	Cs_2CO_3	DMF	18.5

① 反应条件是原料投料量各为 0.5 mmol，碱用量为原料总投料量的 10%（摩尔分数），催化剂用量为原料总投料量的 5%（摩尔分数），反应所用溶剂为 1.5 mL，反应温度为 60~80 ℃，反应在空气中、常压下进行 6~7 h。

② 产物定性定量采用柱层析技术、液质联用仪（LC-MS）和核磁共振氢谱（^{1}H NMR）。

③ 增加催化剂用量至原料总投料量的 10%（摩尔分数）。

2.2.3.2 底物普适性研究（构效关系）

通过实验得到最优反应条件后，本书对基于 DABCO 构筑的配合物 2 进行了卤代芳烃与端基炔烃的 C—C 键交叉偶联反应的普适性研究，结果见表 2-6。实验结果表明，端基炔烃底物的芳香环上的取代基对反应会产生一定影响。如：端基炔烃底物的芳香环上带有供电子取代基（—CH$_3$、—CH$_2$CH$_3$），其产生的共轭效应，增加了不饱和键的电子云密度，使得端基炔烃底物更易与亲电试剂成键，从而使反应变得更加容易进行，对应目标产物的产率也更高；卤代芳烃上的对位供电子基团（—OCH$_3$、—OCH$_2$CH$_3$）通过诱导效应，同样对反应起到促进作用；相比于芳基碘化物，芳基溴化物的反应活性较低。

表 2-6 底物拓展实验

序号	卤代芳烃	炔烃	产物	产率/%
1	H$_3$C—CH$_2$—O—⟨⟩—I 2-1a	≡—⟨⟩—CH$_3$ 2-2a	H$_3$C—CH$_2$—O—⟨⟩—≡—⟨⟩—CH$_3$ 2-3a	81.0
2	H$_3$C—CH$_2$—O—⟨⟩—Br 2-1b			78.3

续表 2-6

序号	卤代芳烃	炔烃	产物	产率/%
3	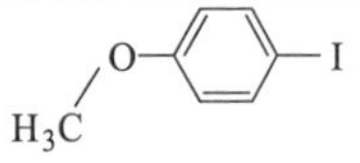 H₃C—O—⟨苯环⟩—I 2-1c	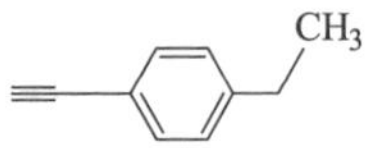 ⟨炔烃 CH₃⟩ 2-2b	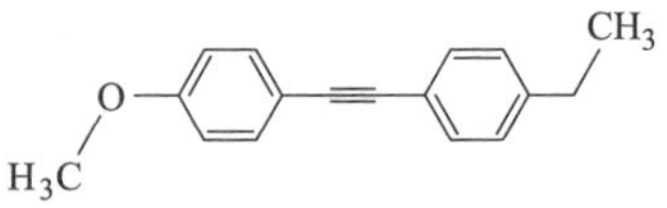 H₃C—O—⟨苯环⟩≡⟨苯环⟩—CH₃ 2-3b	82.6
4	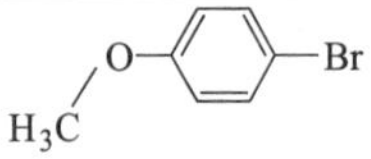 H₃C—O—⟨苯环⟩—Br 2-1d			79.4
5	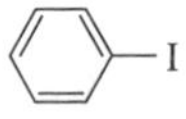 ⟨苯环⟩—I 2-1e	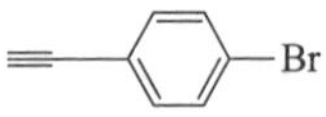 ≡—⟨苯环⟩—Br 2-2c	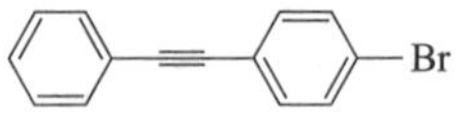 ⟨苯环⟩≡⟨苯环⟩—Br 2-3c	78.0
6	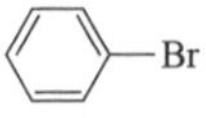 ⟨苯环⟩—Br 2-1f			75.9
7	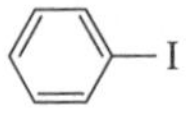 ⟨苯环⟩—I 2-1e	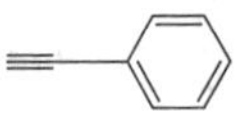 ≡—⟨苯环⟩ 2-2d	 ⟨苯环⟩≡⟨苯环⟩ 2-3d	73.5
8	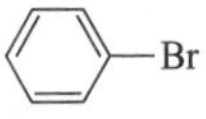 ⟨苯环⟩—Br 2-1f			70.7

注：反应条件为以 0.5 mmol 卤代芳烃和 0.5 mmol 端基炔烃为原料，加入 0.1 mmol Cs₂CO₃、0.05 mmol 配合物 2、1.5 mL 甲苯，于空气中、常压下、80 ℃反应 6~7 h。

作者还以配合物 2 为催化剂进行了其他底物的 C—P 键和 C—N 键交叉偶联反应的催化实验，分别对比所用基于 tDMP（反式-2,5-二甲基哌嗪）和 TPP 构建的 Cu(Ⅰ/Ⅱ)Lₓ 催化剂，本章催化剂效果较差，具体数据不予赘述。其中，相对第 3 章基于 tDMP 构建的 Cu(Ⅰ/Ⅱ)Lₓ 催化剂，本章催化剂自身空间位阻更大，不利于催化卤代芳烃与二苯基膦的 C—P 键交叉偶联反应发生，使得目标产物产率较低。此外，本章催化剂的空间结构呈链状或面状，而第 4 章基于 TPP 构建的 Cu(Ⅰ/Ⅱ)Lₓ 催化剂则为单分子配合物，其结构中存在—PPh₃ 基团，既存在空间位阻又能起稳定配合物结构的作用，从而更有利于与简单分子配位形成稳定过渡态，以呈现更好的 C—N 键交叉偶联反应催化效果。

2.2.3.3　催化剂重复使用次数考量

本章选取配合物 2 进行重复性催化实验，每次重复实验所加入底物、碱、溶剂保持相同，温度及反应时间保持一致。催化反应结束后，使用有机膜（φ50 mm，0.45 μm）过滤出固态催化剂，交替使用少量去离子水和乙醇对滤饼进行清洗，所得干净固态回收催化剂经恒温 80 ℃烘干后，再进行下一次重复性催化实验。

通过重复性催化实验得到如图 2-11 所示的结果，配合物 2 在催化底物 2-1c（表 2-6）与 2-2b（表 2-6）的反应中，前 5 次催化得到的产物产率在 80%以上，第 10 次使用后仍可以使产物产率保持在 70% 左右。

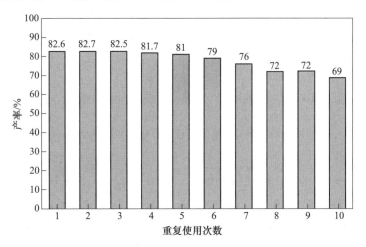

图 2-11 配合物 2 的重复性催化实验

2.2.3.4 催化反应机理的讨论

由以上的实验结果，本节提出配合物 2（见图 2-12 中的 **A**）催化卤代芳烃与端基炔烃可能的反应机理（图 2-12）。

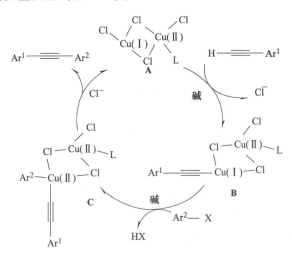

图 2-12 可能的反应机理

首先，碱性条件下，芳基乙炔在碱作用下失去 H⁺ 后成为亲核基团，代替催化剂中的 Cl⁻ 进行交换配位生成 **B**（见图 2-12 中的 **B**），此过程中 Cu（I）没有价态变化，仍为三配位的 Cu（I），新的配合物 **B** 的结构具备一定稳定性，从而利于下一步反应的进行。然后，经碱的缚酸作用，卤代芳烃脱去 X⁻ 后，形成缺电子芳基正离子，进而与失去一个电子的 Cu（Ⅰ）形成 Cu（Ⅱ）—Ar 共价键。由于两底物中的苯环与炔基更倾向于形成 p—π 键共轭体系，此过渡态并不稳定（见图 2-12 中的 **C**），因此在短时间内会发生还原消除反应得到目标产物，同时催化剂恢复为原始结构。

2.2.3.5　产物结构表征

A　1-ethoxy-4-(*p*-tolylethynyl)-benzene（见表 2-6 中的 2-3a）

（1）^{1}H NMR（400 MHz，CDCl$_3$）：$\delta = 7.47 \times 10^{-6}$（m，$J = 8.0$ Hz，4H，—Ph），$\delta = 7.17 \times 10^{-6}$（d，$J = 8.0$ Hz，2H，—Ph），$\delta = 6.89 \times 10^{-6}$（m，$J = 8.0$ Hz，2H，—Ph），$\delta = 4.07 \times 10^{-6}$（q，$J = 8.0$ Hz，2H，—CH$_2$），$\delta = 2.39 \times 10^{-6}$（s，3H，—CH$_3$），$\delta = 1.45 \times 10^{-6}$（t，$J = 8.0$ Hz，3H，—CH$_3$）。

（2）MS（ESI）：$m/z = 236.1$。

（3）元素分析（Elem. Anal.）：计算的 2-3a C$_{17}$H$_{16}$O 的化学组成为 86.40%C，6.82%H，6.77%O；实测的化学组成为 86.44%C，6.80%H。

B　1-ethyl-4-((4-methoxyphenyl)-ethynyl)-benzene（见表 2-6 中的 2-3b）

（1）^{1}H NMR（400 MHz，DMSO-d$_6$）：$\delta = 7.46 \times 10^{-6}$（dd，$J = 8.0$ Hz，4H，—Ph），$\delta = 7.25 \times 10^{-6}$（d，$J = 8.0$ Hz，2H，—Ph），$\delta = 6.98 \times 10^{-6}$（d，$J = 8.0$ Hz，2H，—Ph），$\delta = 3.79 \times 10^{-6}$（s，3H，—CH$_3$），$\delta = 2.63 \times 10^{-6}$（q，$J = 8.0$ Hz，2H，—CH$_2$），$\delta = 1.18 \times 10^{-6}$（t，$J = 8.0$ Hz，3H，—CH$_3$）。

（2）MS（ESI）：$m/z = 236.1$。

（3）Elem. Anal.：计算的 2-3b C$_{17}$H$_{16}$O 的化学组成为 86.40%C，6.82%H，6.77%O；实测的化学组成为 86.37%C，6.81%H。

C　1-bromo-4-(phenylethynyl)-benzene（见表 2-6 中的 2-3c）

（1）^{1}H NMR（400 MHz，DMSO-d$_6$）：$\delta = 7.66 \times 10^{-6}$（m，$J = 8.0$ Hz，2H，—Ph），$\delta = 7.57 \times 10^{-6}$（ddd，$J = 8.0$ Hz，4.0 Hz，2H，—Ph），$\delta = 7.51 \times 10^{-6}$（m，$J = 8.0$ Hz，2H，—Ph），$\delta = 7.42 \times 10^{-6}$（m，$J = 8.0$ Hz，4.0 Hz，3H，—Ph）。

（2）MS（ESI）：$m/z = 256.0$。

（3）Elem. Anal.：计算的 2-3c $C_{14}H_9Br$ 的化学组成为 65.40%C，3.53%H；实测的化学组成为 65.36%C，3.56%H。

D 1,2-diphenylethyne（见表 2-6 中的 2-3d）

（1）^{1}H NMR（400 MHz，$CDCl_3$）：$\delta = 7.59 \times 10^{-6}$（m，4H，—Ph），$\delta = 7.39 \times 10^{-6}$（m，6H，—Ph）。

（2）MS（ESI）：$m/z = 178.2$。

（3）Elem. Anal.：计算的 2-3d $C_{14}H_{10}$ 的化学组成为 94.34%C，5.66%H；实测的化学组成为 94.37%C，5.60%H。

2.2.4 反应的绿色化程度

评价一个化学反应是否是绿色的，需要一系列的评价指标。反应绿色化评价指标中，原子经济性、E-因子、反应转化率、反应速率、反应温度和压力等都是绿色化程度评价所需的基本数据支撑。基于这些数据，可以概括产品的生态效应，以及对环境的友好程度。

2.2.4.1 原子利用率

常用原子利用率来衡量化学反应过程的原子经济性，其计算公式为：原子利用率=（目标产物的摩尔质量/所有反应物摩尔质量之和）×100%。

在应用传统催化剂（CuI/CuBr）的条件下，由于催化选择性差，会使得炔烃发生自偶联反应，本节以 4-乙氧基碘苯和 4-乙炔基甲苯的反应为例，通过反应式展示各物质的摩尔分数，并计算原子利用率。计算公式如下：

$$原子利用率 = \frac{236}{248 + 3 \times 116} \times 100\% = 39.6\%$$

在应用新型催化剂（配合物 2）的条件下，催化反应的选择性高，以底物 4-乙氧基碘苯和 4-乙炔基甲苯的反应为例，通过反应式展示各物质的摩尔质量，并计算原子利用率。计算公式如下：

$$原子利用率 = \frac{236}{248 + 116} \times 100\% = 64.8\%$$

本节通过上述方法计算得到不同底物间 C—C 交叉偶联反应的原子利用率，数据汇总见表 2-7（表中卤代芳烃、炔烃和产物的结构式见表 2-6）。结果显示：使用新型催化剂后，原子利用率普遍由 30%~40% 提升至 60%~70%，平均增加 79.6% 以上。其中，在催化 2-1f（表 2-6）与 2-2c（表 2-6）反应时，原子利用率增加约 107%。原子利用率的增加，说明新型催化剂使得反应的目标产物选择性显著提高，从而能够有效降低副产物的生成，减少大量废物的产生，反应的绿色化程度更高。

表 2-7 原子利用率汇总表

序号	卤代芳烃摩尔质量 /g·mol⁻¹	炔烃摩尔质量 /g·mol⁻¹	催化剂	产物摩尔质量 /g·mol⁻¹	原子利用率 /%
1	248 （2-1a）	116 （2-2a）	配合物 2	236 （2-3a）	64.8
		348 （2-2a）	传统催化剂		39.6
2	200 （2-1b）	116 （2-2a）	配合物 2		74.7
		348 （2-2a）	传统催化剂		43.1
3	234 （2-1c）	130 （2-2b）	配合物 2	236 （2-3b）	64.8
		390 （2-2b）	传统催化剂		37.8
4	186 （2-1d）	130 （2-2b）	配合物 2		74.7
		390 （2-2b）	传统催化剂		41.0
5	204 （2-1e）	180 （2-2c）	配合物 2	256 （2-3c）	66.7
		540 （2-2c）	传统催化剂		34.4
6	156 （2-1f）	180 （2-2c）	配合物 2		76.2
		540 （2-2c）	传统催化剂		36.8
7	204 （2-1e）	102 （2-2d）	配合物 2	178 （2-3d）	58.2
		306 （2-2d）	传统催化剂		34.9
8	156 （2-1f）	102 （2-2d）	配合物 2		69.0
		306 （2-2d）	传统催化剂		38.5

2.2.4.2 E-因子

原子经济性仅给出原料中的原子转化为目标产物的情况，对于合成过程中间步骤所使用的催化剂、原料等对反应绿色化的影响，则需要从 E-因子角度去加以评价。E-因子是指在一个化学反应过程中，所生成废物质量与目标产物质量的比值，是衡量生产过程对环境的影响程度的参量。Sheldon 在 1992 年发表论文中根据 E-因子大小对化工行业进行了划分[194]，其中石油炼制行业的 E-因子为 0.1，大宗化学品行业的 E-因子为 1~5，精细化学品行业的 E-因子为 5~25，医药行业的 E-因子则大于 25。由此可见，产品越精细，E-因子越大，则生产过程产生的废物越多，在实际生产中污染总量十分可观，造成的资源浪费和环境污染也越大。作为一种环境评价指标，E-因子直观定量地说明了反应的环境友好程度。

本章以新型催化剂配合物 2 和传统催化剂（CuI/CuBr）为例，在应用新型催化剂的条件下，各反应产物产率以本章催化实验为准，在应用传统催化剂的条件下，各反应产物产率以本章催化实验平均值的 5% 进行计算，其中传统催化剂无回收利用，质量计入废物质量。由于实验所用的有机溶剂均可以回收利用，所用碱与反应产生的酸中和可以进入水相后统一处理，因此在整个过程中没有难处理的危险废物。因此，在计算 E-因子时，可以忽略溶剂和碱的影响。

计算生成废物质量与目标产物质量的比值得到各个反应的 E-因子数值，各个反应的 E-因子见表 2-8（表中卤代芳烃、炔烃和产物的结构式见表 2-6）。在应用新型催化剂的条件下，E-因子由原来的 50~60 显著降低至 0.7~1.4，已达到大宗化学品行业的 E-因子数值范围（大宗化学品行业的 E-因子为 1~5），说明采用新型催化剂可以在实际生产中大大减少废物的排放，有效降低对资源的浪费和对环境的污染，对提高反应的绿色化程度起到关键作用。

表 2-8 E-因子汇总表

序号	卤代芳烃质量 /g	炔烃质量 /g	催化剂质量 /g	废物质量 /g	目标产物质量 /g	E-因子
1	0.124（2-1a）	0.058（2-2a）	0.0091（新）	0.086	0.0960（2-3a）	0.9
		0.174（2-2a）	0.0149（老）	0.307	0.0059（2-3a）	52
2	0.100（2-1b）	0.058（2-2a）	0.0079（新）	0.066	0.0920（2-3a）	0.7
		0.174（2-2a）	0.0137（老）	0.282	0.0059（2-3a）	48
3	0.117（2-1c）	0.065（2-2b）	0.0091（新）	0.085	0.0970（2-3b）	0.9
		0.195（2-2b）	0.0156（老）	0.322	0.0059（2-3b）	55
4	0.093（2-1d）	0.065（2-2b）	0.0079（新）	0.064	0.0940（2-3b）	0.7
		0.195（2-2b）	0.0144（老）	0.297	0.0059（2-3b）	50
5	0.102（2-1e）	0.090（2-2c）	0.0096（新）	0.092	0.1000（2-3c）	0.9
		0.270（2-2c）	0.0186（老）	0.380	0.0064（2-3c）	59
6	0.078（2-1f）	0.090（2-2c）	0.0084（新）	0.071	0.0970（2-3c）	0.7
		0.270（2-2c）	0.0174（老）	0.360	0.0064（2-3c）	56

序号	卤代芳烃质量 /g	炔烃质量 /g	催化剂质量 /g	废物质量 /g	目标产物质量 /g	E-因子
7	0.102（2-1e）	0.051（2-2d）	0.0077（新）	0.088	0.0650（2-3d）	1.4
		0.153（2-2d）	0.0128（老）	0.263	0.0045（2-3d）	58
8	0.078（2-1f）	0.051（2-2d）	0.0065（新）	0.066	0.0630（2-3d）	1.0
		0.153（2-2d）	0.0116（老）	0.238	0.0045（2-3d）	53

2.3　本 章 小 结

（1）基于 DABCO 设计合成得到配体化合物 VBDABCO、BVBDABCO、ADABCO 和 DADABCO，再通过溶剂热法与 Cu（Ⅰ/Ⅱ）构筑得到单分子 Cu（Ⅰ/Ⅱ）L$_x$ 配合物 1、2、3 和 4，并通过 X 射线单晶结构分析予以结构确证，并给出了空间堆积图。结果显示：配合物 1~4 单分子之间广泛存在着 C—H…π 相互作用和非典型氢键 C—H…X，这两类较弱的作用力将单分子有序地连接在一起，形成 3D 结构，有效增加了配合物的稳定性。通过晶体结构分析发现，配合物 2 中存在稳定的三配位 Cu（Ⅰ），这为催化反应提供了活性中心。

（2）本章以配合物 2 和 3 分别作为催化剂进行了一些底物的交叉偶联反应实验。对比显示：本章的催化剂可以更好地催化卤代芳烃与端基炔烃进行 C—C 键交叉偶联反应，产率可达 80% 以上，且催化反应条件温和，可在空气中、常压下、80 ℃反应 6~7 h 完成。在底物适应性方面，具有三配位结构的配合物 2 展示了最优的底物普适性。目标产物产率对比分析表明，端基炔烃底物芳香环上供电子取代基团的共轭效应和卤代芳烃对位供电子基团的诱导效应有利于催化反应进行。在催化剂重复性使用方面，配合物 2 在前 5 次的使用中，对底物 2-1c 与 2-2b 进行催化得到的目标产物产率达 80% 以上，经 10 次使用后仍可保持约 70% 的产率。之后本章结合配合物 2 的单晶结构，提出了其可能的催化反应机理。

（3）以新型催化剂配合物 2 和传统催化剂（CuI/CuBr）为例，计算各个催化反应的原子利用率和 E-因子，作为反应的绿色化评价指标。结果显示：相对于传统催化剂，各反应原子利用率平均增加 79.6%，催化选择性增强，目标产物产率有效提高，同时降低了反应后处理的难度。同样，计算 E-因子显示，各反应的 E-因子数值降低明显，说明反应的绿色化程度高，废物排放量低，对环境影响小。

3 基于 *t*DMP 的铜金属配合物设计、催化偶联反应及绿色化评价

3.1 引　言

*t*DMP 分子中的两个 N 原子为 sp^3 杂化，各带一对孤对电子，具有较强的配位能力，其空间结构与环己烷类似，为椅式结构，在形成配合物时具有丰富的结构变化。*t*DMP 是一个简单易得、无毒、稳定的医药中间体化合物，是较为理想的含氮杂环化合物有机配体。Hanessian 等课题组曾报道过在 *t*DMP 的协助下，催化硝基烷烃与环烯酮的不对称共轭加成反应，反应条件温和，研究发现底物适应性广，目标产物产率高[195-197]。2017 年，日本学者藤田昌久等人利用 *t*DMP 进行了储氢实验研究，研究发现 2,5-二甲基吡嗪与 2,5-二甲基哌嗪的相互转换达到了高性能的储氢效果，使得这一简单化合物有了新的更好的应用[198]。

基于绿色化学理念，本书对 *t*DMP 进行了化学修饰，将乙烯基引入配体分子中，增加与 Cu（Ⅰ）的配位能力，在温和条件下，设计合成出基于 *t*DMP 构筑的金属有机配合物，并对配合物结构进行了更为深入的描述，进而可以更为全面地探讨这类配合物对底物交叉偶联反应的催化效果。

3.2 实　验　部　分

3.2.1 化学药品、试剂及仪器

实验所用化学药品、试剂及仪器见表 3-1 和表 3-2。

表 3-1　实验所用化学药品和试剂

名称	纯级	生产厂家
反式-2,5-二甲基哌嗪（*t*DMP）	分析纯	上海阿拉丁生化科技股份有限公司
3-溴丙烯（AB）	分析纯	上海阿拉丁生化科技股份有限公司
二苯基膦（DPP）	分析纯	上海阿拉丁生化科技股份有限公司

名称	纯级	生产厂家
4-碘甲苯	分析纯	上海阿拉丁生化科技股份有限公司
2-碘甲苯	分析纯	上海阿拉丁生化科技股份有限公司
4-碘苯甲酸	分析纯	上海阿拉丁生化科技股份有限公司
2-碘苯甲酸	分析纯	上海阿拉丁生化科技股份有限公司
4-碘-*N*,*N*-二甲基苯胺	分析纯	上海阿拉丁生化科技股份有限公司
氯化亚铜(CuCl)	分析纯	上海阿拉丁生化科技股份有限公司
溴化亚铜(CuBr)	分析纯	上海阿拉丁生化科技股份有限公司
氢氧化钾(KOH)	分析纯	国药集团化学试剂有限公司
氢氧化钠(NaOH)	分析纯	国药集团化学试剂有限公司
碳酸钾(K_2CO_3)	分析纯	国药集团化学试剂有限公司
碳酸铯(Cs_2CO_3)	分析纯	国药集团化学试剂有限公司
N,*N*-二甲基甲酰胺(DMF)	分析纯	国药集团化学试剂有限公司
甲苯(toluene)	分析纯	国药集团化学试剂有限公司
二甲亚砜(DMSO)	分析纯	国药集团化学试剂有限公司
三氯甲烷($CHCl_3$)	分析纯	国药集团化学试剂有限公司
无水乙醇(EtOH)	分析纯	国药集团化学试剂有限公司
无水甲醇(CH_3OH)	分析纯	国药集团化学试剂有限公司
乙酸乙酯(EA)	分析纯	国药集团化学试剂有限公司
盐酸(HCl)	分析纯	国药集团化学试剂有限公司

表 3-2 实验所用仪器

仪器名称	型号	生产厂家
X 射线单晶衍射仪	SMART APEX Ⅱ	德国 Bruker 公司
X 射线粉末衍射仪	XRPD-6000	日本 Shimadzu 公司
核磁共振仪	Avance Ⅱ 400 MHz	德国 Bruker 公司
元素分析仪	Vario Ⅲ	德国 Elementar 公司
液质联用仪	Agilent 6110	美国安捷伦公司

3.2.2 基于 *t*DMP 配体构筑配合物的研究

3.2.2.1 配体及配合物的合成

A 配体 (2S,5R)-1-allyl-2,5-dimethylpiperazine 的合成

在 50 mL 圆底烧瓶中，加入 *t*DMP (1.141 g，10 mmol) 和 20 mL 乙醇

（HCl）溶液，室温下搅拌 2 h，调节至 pH=1，出现大量白色固体，抽滤，滤饼用 30 mL 冷的无水乙醇洗涤 3 次，干燥得 tDMP 二盐酸盐化合物。

其次，在 50 mL 圆底烧瓶中，加入 tDMP 二盐酸盐化合物（1.851 g，10 mmol）和 25 mL 乙醇，再加入 tDMP（1.141 g，10 mmol），搅拌至完全澄清后，加入 3-溴丙烯（1.322 g，11 mmol），继续于室温下搅拌 1 h，再置于油浴中在恒温 45 ℃的条件下继续搅拌反应 15 h。反应结束后，冷却至室温，抽滤，保留滤液并调节 pH 值至 7 后，负压除去溶剂，再加入 20 mL 的乙酸乙酯，于室温下搅拌 2 h，出现白色固体（无机盐），过滤除去无机盐，在负压下除去滤液中的溶剂后，得到灰色油状物，即为目标产物（2S，5R）-1-allyl-2,5-dimethylpiperazine（ADMP），如图 3-1 所示。

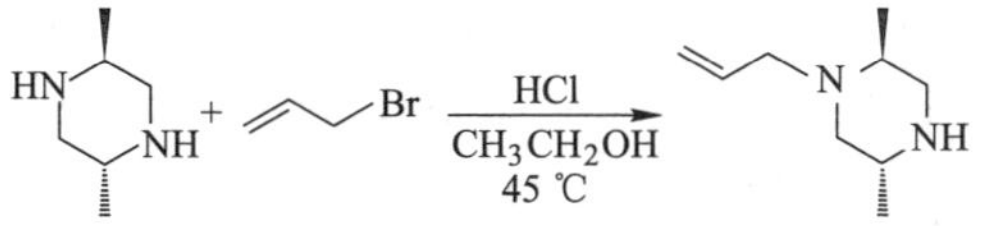

图 3-1　ADMP 配体合成示意图

B　配体（2S,5R)-1,4-diallyl-2,5-dimethylpiperazine 的合成

在 50 mL 圆底烧瓶中，加入 tDMP（1.141 g，10 mmol）和 20 mL CHCl₃，常温下搅拌至体系呈棕色澄清态，再加入 K₂CO₃(4.142 g，30 mmol)，最后加入 3-溴丙烯（2.641 g，22 mmol），继续于常温下搅拌 1 h，最后移入油浴中在恒温 42 ℃的条件下继续反应 15 h。

反应结束后，冷却至室温，抽滤，在负压下除去滤液中的部分溶剂后，再加入 25 mL 乙酸乙酯继续在常温下搅拌 3 h，出现大量白色固体（无机盐），抽滤，保留滤液，负压下除去溶剂后得棕色油状物，即为目标产物（2S,5R)-1,4-diallyl-2,5-dimethylpiperazine（DADMP），如图 3-2 所示。

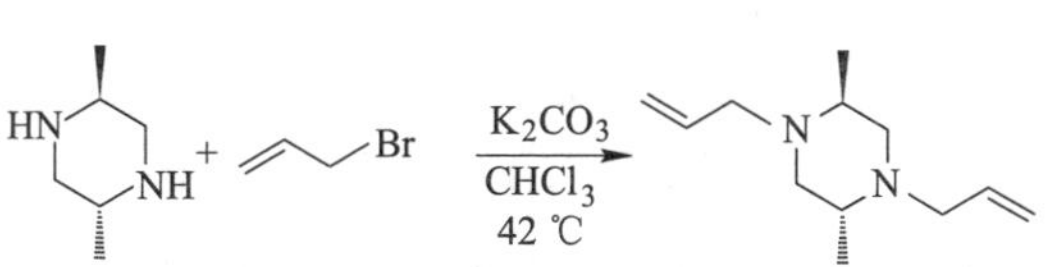

图 3-2　DADMP 配体合成示意图

C　配合物 Cu₈(ADMP)₃Br₈(5) 的合成

称取 ADMP(0.077 g，0.5 mmol) 和 CuBr(0.143 g，1 mmol) 置于耐热玻璃管中，再加入 1.2 mL 无水甲醇和 0.3 mL 去离子水，充分振荡混合均匀后对耐热玻璃管进行负压排气处理。耐热玻璃管中的样品经 3~4 次的温水解冻和液氮冷冻操作，充分将夹杂在样品间的空气排除干净，然后用高温火焰进行密封。密封好的耐热玻璃管置于 60 ℃的烘箱中，3 天后取出，可见耐热玻璃管中生成淡绿

色晶体,通过分离得配合物 5,产率约 55%（以 ADMP 配体计）。

D 配合物 Cu$_2$(TDMP)(DADMP)Br$_6$(6) 的合成

称取 DADMP(0.097 g, 0.5 mmol) 和 CuBr(0.143 g, 1 mmol) 置于耐热玻璃管中,再加入 1.2 mL 无水甲醇和 0.3 mL 去离子水,摇匀,重复配合物 5 的操作步骤,经分离得配合物 6,产率约 58%（以 DADMP 配体计）。

E 配合物 [Cu$_4$(DADMP)Br$_4$]$_n$(7) 的合成

称取 DADMP(0.097 g, 0.5 mmol) 和 CuBr(0.143 g, 1 mmol) 置于耐热玻璃管中,再加入 1.2 mL 无水甲醇和 0.3 mL 去离子水,轻微振荡均匀后,对耐热玻璃管进行负压排气处理。耐热玻璃管中样品经 3~4 次的温水解冻和液氮冷冻操作,充分将夹杂在样品间的空气排除干净,然后用高温火焰进行密封。密封好的耐热玻璃管置于 65 ℃ 的烘箱中,一周后取出,可在显微镜下看到管壁出现淡黄色晶体,经分离得配合物 7,产率约为 55%（以 DADMP 配体计）。

F 配合物 [Cu$_6$(DADMP)Cl$_8$]$_n$(8) 的合成

称取 DADMP(0.097 g, 0.5 mmol) 和 CuCl(0.143 g, 1 mmol) 置于耐热玻璃管中,再加入 1.2 mL 无水甲醇和 0.3 mL 去离子水,轻微振荡均匀后,对耐热玻璃管进行负压排气处理。耐热玻璃管中样品经 3~4 次的温水解冻和液氮冷冻操作,充分将夹杂在样品间的空气排除干净,然后用高温火焰进行密封。密封好的耐热玻璃管置于 60 ℃ 的烘箱中,6 天后取出,可在显微镜下看到管壁出现淡黄色晶体,经分离得配合物 8,产率约为 55%（以 DADMP 配体计）。

3.2.2.2 配合物结构表征

A X 射线单晶衍射

采用 X 射线单晶衍射仪对配合物 5~8 进行单晶衍射测试,仪器采用石墨单色化 Mo Kα 射线 （λ=0.0712 nm）,室温下收集衍射点数据。采用全矩阵最小二乘法对结构进行精修,以直接法解析精修的单晶结构。所有非氢原子采取各向异性热参数,氢原子采用各向同性热参数。配合物 5~8 的晶体学数据和精修参数见表 3-3。配合物 5~8 的部分键长和键角见表 3-4。

表 3-3 配合物 5~8 的晶体结构数据和精修参数

参数	配合物 5	配合物 6	配合物 7	配合物 8
经验式	C$_{27}$H$_{51}$Br$_8$Cu$_8$N$_6$	C$_{18}$H$_{42}$Br$_6$Cu$_2$N$_4$	C$_{12}$H$_{23}$Br$_4$Cu$_3$N$_2$	C$_6$H$_{11}$Cl$_4$Cu$_3$N
温度/K	293(2)	293(2)	293(2)	293(2)
晶体颜色	淡绿色	淡绿色	淡黄色	淡黄色
相对分子质量	1607.34	921.08	705.58	429.58
晶系	三斜晶系	三斜晶系	三斜晶系	单斜晶系
空间群	P$\bar{1}$	P$\bar{1}$	P$\bar{1}$	P2$_1$/c

续表 3-3

参数	配合物 5	配合物 6	配合物 7	配合物 8
a/nm	1.1429(11)	0.8825(11)	0.6877(4)	0.7731(17)
b/nm	1.3448(13)	0.9120(12)	0.7652(4)	1.5723(3)
c/nm	1.6353(16)	1.1451(15)	1.7724(10)	1.0120(2)
$\alpha/(°)$	67.547(11)	73.381(14)	89.600(5)	90.000
$\beta/(°)$	79.792(12)	89.664(15)	81.917(5)	91.436(18)
$\gamma/(°)$	69.639(11)	62.275(13)	88.297(5)	90.000
V/nm^3	2.1750(4)	0.7729(17)	0.9229(9)	1.2297(5)
Z	2	1	2	4
$F(000)$	1536.0	464.0	672.0	836.0
h、k、l 范围	$-13 \leqslant h \leqslant 13$, $-15 \leqslant k \leqslant 15$, $-19 \leqslant l \leqslant 19$	$-10 \leqslant h \leqslant 10$, $-10 \leqslant k \leqslant 10$, $-13 \leqslant l \leqslant 13$	$-8 \leqslant h \leqslant 8$, $-9 \leqslant k \leqslant 9$, $-21 \leqslant l \leqslant 21$	$-10 \leqslant h \leqslant 10$, $-20 \leqslant k \leqslant 20$, $-13 \leqslant l \leqslant 13$
F^2 上的拟合度	0.955	1.109	1.040	1.350
最终的 R 因子 $[I>2\sigma(I)]$	$R_1 = 0.0975$, $wR_2 = 0.2209$	$R_1 = 0.0326$, $wR_2 = 0.0852$	$R_1 = 0.0522$, $wR_2 = 0.1124$	$R_1 = 0.1103$, $wR_2 = 0.3425$
R 因子(所有数据)	$R = 0.2084$, $wR_2 = 0.2762$	$R = 0.0484$, $wR_2 = 0.0912$	$R = 0.0876$, $wR_2 = 0.1035$	$R = 0.1761$, $wR_2 = 0.3898$

表 3-4　配合物 5~8 的部分键长和键角

配合物 5			
原子及其对称等效位置	键长/nm	原子及其对称等效位置	键长/nm
Cu1—N1	0.2070(18)	Br3—Cu4^i	0.2474(3)
Cu1—Br2	0.2407(4)	Br6—Cu7^{iv}	0.2669(6)
Cu1—Br4	0.2592(4)	Br6—Cu8^{iv}	0.2767(6)
Cu1—Br1	0.2787(4)	Cu6—Br8	0.2255(5)
Cu1—Cu4	0.2802(4)	Cu6—Br6	0.2868(5)
Cu1—Cu2	0.3046(5)	Cu6—Cu8	0.2913(7)
Cu2—N3	0.2076(17)	Cu7—N4^{iii}	0.1997(17)
Cu2—Br1	0.2438(4)	Cu7—Cu8	0.2414(6)
Cu2—Br2	0.2573(4)	Cu7—Br7	0.2418(5)
Cu2—Br3	0.2638(4)	Cu7—Br6^{iv}	0.2669(6)
Cu2—Cu4	0.2846(4)	Cu7—Br5	0.2727(6)
Cu3—N5	0.2062(16)	Cu8—Br6	0.2294(5)

	配合物 5		
原子及其对称等效位置	键长/nm	原子及其对称等效位置	键长/nm
Cu3—Br3	0.2469(4)	Cu5—Br5	0.2604(5)
Cu3—Br4	0.2531(4)	Cu5—Cu6	0.2873(6)
Cu3—Br2	0.2672(4)	Cu8—Br6^{iv}	0.2767(6)
Cu3—Cu4	0.2844(4)	Cu8—Cu8^{iv}	0.2887(11)
Cu4—Br1	0.2426(4)	N6—Cu5^{v}	0.2003(15)
Cu4—Br4	0.2430(4)	Cu6—N2	0.1960(2)
Cu4—Br3^{i}	0.2474(3)	Cu8—Br5	0.2454(6)
Cu4—Br3	0.2591(4)	Cu8—Br7	0.2627(6)
Cu5—N6^{ii}	0.2003(15)	Cu5—Br8	0.2323(4)
原子及其对称等效位置	键角/(°)	原子及其对称等效位置	键角/(°)
N1—Cu1—Br2	128.80(4)	Br7—Cu8—Br6^{iv}	98.60(2)
N1—Cu1—Br4	112.30(5)	Br6—Cu8—Cu8^{iv}	63.35(17)
Br2—Cu1—Br4	106.19(13)	Cu7—Cu8—Cu8^{iv}	107.90(3)
N1—Cu1—Br1	101.30(5)	Br5—Cu8—Cu8^{iv}	132.40(3)
Br2—Cu1—Br1	102.94(12)	Br7—Cu8—Cu8^{iv}	117.30(3)
Br4—Cu1—Br1	101.34(11)	Br6^{iv}—Cu8—Cu8^{iv}	47.81(16)
N1—Cu1—Cu4	132.30(4)	Br6^{iv}—Cu8—Cu6	160.70(2)
C14—N4—Cu7^{iii}	114.90(12)	Cu8^{iv}—Cu8—Cu6	125.20(3)
N3—Cu2—Br2	105.50(5)	C24—N5—Cu3	113.60(12)
Br1—Cu2—Br2	108.63(13)	C19—N5—Cu3	109.00(12)
N3—Cu2—Br3	105.50(5)	C21—N6—C23	110.00(15)
Br1—Cu2—Br3	106.48(11)	C21—N6—Cu5^{v}	115.90(11)
Br2—Cu2—Br3	94.66(12)	C23—N6—Cu5^{v}	113.70(11)
N3—Cu2—Cu1	147.60(5)	Cu4—Br1—Cu2	71.63(12)
Br1—Cu2—Cu1	59.88(10)	Cu4—Br1—Cu1	64.60(11)
Br2—Cu2—Cu1	49.87(10)	Cu2—Br1—Cu1	70.96(10)
Br3—Cu2—Cu1	98.19(12)	Cu1—Br2—Cu2	75.34(11)
Cu4—Cu2—Cu1	56.67(10)	Cu1—Br2—Cu3	75.61(11)
N5—Cu3—Br3	124.00(5)	Cu2—Br2—Cu3	79.71(11)
N5—Cu3—Br4	113.10(5)	Cu3—Br3—Cu4^{i}	122.83(14)
Br3—Cu3—Br4	108.89(11)	Cu3—Br3—Cu4	68.33(11)
Br4—Cu3—Br2	100.43(12)	Cu4^{i}—Br3—Cu4	76.55(14)

配合物 5

原子及其对称等效位置	键角/(°)	原子及其对称等效位置	键角/(°)
N5—Cu3—Cu4	157.50(4)	Cu3—Br3—Cu2	82.25(12)
Cu4—Br3—Cu2	65.94(11)	Br3—Cu3—Br2	96.29(12)
Cu4—Br4—Cu3	69.93(11)	C16—N4—Cu7^{iii}	112.20(13)
Cu3—Br4—Cu1	75.04(11)	Cu4^i—Br3—Cu2	122.17(13)
Cu8—Br5—Cu7	55.24(15)	Cu8—Br5—Cu5	85.95(17)
Br3—Cu3—Cu4	57.87(10)	Cu5—Br5—Cu7	135.69(16)
Br4—Cu3—Cu4	53.36(11)	Cu8—Br6—Cu7^{iv}	119.72(18)
Br2—Cu3—Cu4	90.81(13)	Cu8—Br6—Cu8^{iv}	68.80(2)
Br1—Cu4—Br4	118.02(15)	Cu7^{iv}—Br6—Cu8^{iv}	52.68(13)
Br1—Cu4—Br3^i	107.51(13)	Cu8—Br6—Cu6	67.67(19)
Br4—Cu4—Br3^i	110.35(14)	Cu7^{iv}—Br6—Cu6	147.90(2)
Br1—Cu4—Br3	108.33(13)	Cu8^{iv}—Br6—Cu6	132.06(18)
Br4—Cu4—Br3	108.20(14)	Cu7—Br7—Cu8	56.99(15)
Br3^i—Cu4—Br3	103.44(14)	Cu6—Br8—Cu5	77.74(18)
Br1—Cu4—Cu1	63.95(11)	Br6—Cu8—Cu7	164.20(3)
Br4—Cu4—Cu1	58.87(12)	Br6—Cu8—Br5	127.70(3)
Br3^i—Cu4—Cu1	150.71(16)	Br8—Cu6—Br6	108.17(19)
Br3—Cu4—Cu1	105.82(12)	Br6—Cu8—Br7	113.50(2)
Br1—Cu4—Cu3	118.29(13)	Cu7—Cu8—Br7	57.12(17)
Br4—Cu4—Cu3	56.71(10)	Br5—Cu8—Br7	100.27(19)
Cu5—Cu6—Cu8	73.17(17)	Br6—Cu8—Br6^{iv}	111.20(2)
Br3—Cu4—Cu3	53.80(11)	Cu7—Cu8—Br6^{iv}	61.57(17)
Cu1—Cu4—Cu3	67.09(11)	Br5—Cu8—Br6^{iv}	101.36(19)
Br1—Cu4—Cu2	54.38(10)	N4^{iii}—Cu7—Cu8	172.20(6)
Br4—Cu4—Cu2	114.51(12)	N4^{iii}—Cu7—Br7	115.90(6)
Br3^i—Cu4—Cu2	134.85(15)	Cu8—Cu7—Br7	65.89(18)
Br3—Cu4—Cu2	57.82(11)	N4^{iii}—Cu7—Br6^{iv}	106.90(5)
Cu1—Cu4—Cu2	65.26(11)	Cu8—Cu7—Br6^{iv}	65.75(17)
Cu3—Cu4—Cu2	72.43(13)	Br7—Cu7—Br6^{iv}	106.93(19)
N6^{ii}—Cu5—Br8	141.00(5)	N4^{iii}—Cu7—Br5	128.80(6)
N6^{ii}—Cu5—Br5	106.00(5)	Br6^{iv}—Cu7—Br5	97.08(17)
Br8—Cu5—Br5	111.46(17)	N6^{ii}—Cu5—Cu6	143.20(5)

配合物 6			
原子及其对称等效位置	键长/nm	原子及其对称等效位置	键长/nm
Cu1—Br2	0.2448(2)	C3—C1^{ii}	0.1529(6)
Cu1—Br3	0.2481(2)	O1—H1A	0.0850
Cu1—Br1	0.2504(3)	O1—H1B	0.0850
Cu1—Br1^{i}	0.2586(2)	Br1—Cu1^{i}	0.2586(2)
C9—C8^{iii}	0.1496(6)	C8—C9^{iii}	0.1496(6)
C1—C3^{ii}	0.1529(6)		
原子及其对称等效位置	键角/(°)	原子及其对称等效位置	键角/(°)
Br2—Cu1—Br3	111.01(8)	C1^{ii}—C3—H3B	109.00
Br2—Cu1—Br1	116.92(8)	C9^{iii}—C8—C7	109.70(4)
Br3—Cu1—Br1	107.02(9)	C9^{iii}—C8—N2	108.30(4)
Br2—Cu1—Br1^{i}	108.13(10)	C9^{iii}—C8—H8	109.00
Br3—Cu1—Br1^{i}	114.95(9)	N2—C9—C8^{iii}	112.60(4)
Br1—Cu1—Br1^{i}	98.49(9)	N2—C9—H9A	109.10
C3^{ii}—C1—H1	109.30	C8^{iii}—C9—H9A	109.10
N1—C3—C1^{ii}	113.00(4)	N1—C3—C1^{ii}	113.00(4)
N1—C3—H3A	109.00	C8^{iii}—C9—H9B	109.10
C1^{ii}—C3—H3A	109.00	N1—C1—C2	112.00(4)
Cu1—Br1—Cu1^{i}	81.51(9)	N1—C1—C3^{ii}	109.40(4)
C2—C1—C3^{ii}	107.60(4)		
配合物 7			
原子及其对称等效位置	键长/nm	原子及其对称等效位置	键长/nm
Cu1—Cu2^{i}	0.2820(3)	Cu2—Br2	0.2847(4)
Cu1—Br1^{i}	0.2476(3)	Br1—Cu1^{ii}	0.2476(3)
Cu1—Br1	0.2619(3)	Br2—Cu2^{i}	0.2467(3)
Cu1—Br2	0.2471(4)	Cu2—Br2^{ii}	0.2467(3)
Cu1—N1	0.2077(6)	Cu2—C1	0.2112(7)
Cu2—Cu1^{ii}	0.2820(3)	Cu2—C2	0.2163(7)
Cu2—Br1	0.2502(3)		
原子及其对称等效位置	键角/(°)	原子及其对称等效位置	键角/(°)
Br1—Cu1—Cu2^{i}	84.40(12)	C2—Cu2—Br2^{ii}	132.22(19)
Br1^{i}—Cu1—Cu2^{i}	55.93(8)	C1—Cu2—Br2^{ii}	101.90(2)
Br1^{i}—Cu1—Br1	97.75(12)	C1—Cu2—Br2	100.50(2)

配合物 7			
原子及其对称等效位置	键角/(°)	原子及其对称等效位置	键角/(°)
Br2—Cu1—Cu2^{i}	55.10(4)	C1—Cu2—C2	36.70(3)
Br2—Cu1—Br1^{i}	103.07(7)	C2—Cu2—Cu1^{ii}	118.40(2)
Br2—Cu1—Br1	105.35(6)	C2—Cu2—Br1	107.90(2)
N1—Cu1—Cu2^{i}	171.11(15)	Cu1^{ii}—Br1—Cu1	133.59(8)
N1—Cu1—Br1	104.08(18)	Cu1^{ii}—Br1—Cu2	69.01(7)
N1—Cu1—Br1^{i}	124.23(15)	Cu2—Br1—Cu1	64.71(8)
N1—Cu1—Br2	118.88(14)	Cu1—Br2—Cu2	61.61(5)
Cu1^{ii}—Cu2—Br2	134.14(6)	Cu2^{i}—Br2—Cu1	69.65(8)
Br1—Cu2—Cu1^{ii}	55.06(7)	Cu2^{i}—Br2—Cu2	98.08(9)
Br1—Cu2—Br2	98.20(9)	C3—N1—Cu1	106.70(4)
Br2^{ii}—Cu2—Cu1^{ii}	55.26(10)	C4—N1—Cu1	113.60(4)
Br2^{ii}—Cu2—Br1	102.45(11)	C6—N1—Cu1	110.30(3)
Br2^{ii}—Cu2—Br2	106.76(9)	C2—C1—Cu2	73.70(4)
C1—Cu2—Cu1^{ii}	123.30(2)	C1—C2—Cu2	69.60(4)
C1—Cu2—Br1	143.40(2)	C3—C2—Cu2	113.90(4)
C2—Cu2—Br2	104.41(19)		

配合物 8			
原子及其对称等效位置	键长/nm	原子及其对称等效位置	键长/nm
Cu1—Cl2	0.2525(7)	Cu3—Cl2^{i}	0.2281(8)
Cu1—Cl3^{i}	0.2346(6)	Cu3—Cl1^{ii}	0.2337(8)
Cl2—Cu3^{i}	0.2281(8)	Cu3—Cl4	0.2285(7)
Cu1—C1	0.2090(3)	Cl3—Cu1^{i}	0.2346(6)
Cu1—C2	0.2120(3)	Cl1—Cu3^{iii}	0.2337(8)
Cu2—Cl4	0.2299(7)	Cu2—Cl3	0.2326(8)
Cu2—Cl2	0.2371(8)		
原子及其对称等效位置	键角/(°)	原子及其对称等效位置	键角/(°)
Cl3^{i}—Cu1—Cl2	102.80(2)	Cl4—Cu3—Cu2^{i}	111.30(2)
Cl1—Cu1—Cl2	103.90(3)	Cl4—Cu3—Cl1^{ii}	112.60(3)
Cl1—Cu1—Cl3^{i}	108.20(3)	Cl2^{i}—Cu3—Cu2^{i}	51.90(2)
C1—Cu1—Cl2	111.60(12)	Cl2^{i}—Cu3—Cu2	91.00(2)
C1—Cu1—Cl3^{i}	99.80(9)	Cl2^{i}—Cu3—Cl4	137.10(3)
C1—Cu1—Cl1	127.90(10)	Cl2^{i}—Cu3—Cl1^{ii}	106.00(3)

配合物 8			
原子及其对称等效位置	键角/(°)	原子及其对称等效位置	键角/(°)
Cl1—Cu1—Cl2	35.60(13)	Cl1^{ii}—Cu3—Cu2^{i}	127.80(3)
Cl2—Cu1—Cl2	96.40(10)	Cl1^{ii}—Cu3—Cu2	162.60(3)
Cl2—Cu1—Cl3^{i}	135.30(10)	Cu3—Cl4—Cu2	74.10(2)
Cl2—Cu1—Cl1	105.60(10)	Cu2—Cl2—Cu1	95.90(2)
Cu2^{i}—Cu2—Cu3^{i}	56.45(18)	Cu3^{i}—Cl2—Cu1	111.00(3)
Cu3—Cu2—Cu2^{i}	63.10(2)	Cu3^{i}—Cl2—Cu2	78.90(3)
Cu3—Cu2—Cu3^{i}	119.58(19)	Cu2—Cl3—Cu1^{i}	106.20(3)
Cl4—Cu2—Cu2^{i}	113.50(3)	Cu1—Cl1—Cu3^{iii}	110.20(4)
Cl4—Cu2—Cu3	52.70(19)	C3—C2—Cu1	107.70(19)
Cl4—Cu2—Cu3^{i}	162.70(3)	Cl3—Cu2—Cu2^{i}	87.60(3)
Cl4—Cu2—Cl2	120.60(3)	Cl3—Cu2—Cu3^{i}	68.90(2)
Cl4—Cu2—Cl3	127.20(3)	Cl3—Cu2—Cu3	110.00(3)
Cl2—Cu2—Cu2^{i}	86.30(3)	Cl3—Cu2—Cl2	107.90(3)
Cl2—Cu2—Cu3^{i}	49.20(2)	Cu2—Cu3—Cu2^{i}	60.42(19)
Cl2—Cu2—Cu3	129.20(3)	Cl4—Cu3—Cu2	53.16(19)

注：配合物 5 的对称代码为 (i)$-x+2$, $-y$, $-z+1$；(ii)x, $y+1$, $z-1$；(iii)$-x+1$, $-y+1$, $-z$；(iv)$-x+1$, $-y+2$, $-z$；(v)x, $y-1$, $z+1$。配合物 6 的对称代码为：(i)$-x+1$, $-y$, $-z+2$；(ii)$-x+2$, $-y$, $-z+1$；(iii)$-x$, $-y+1$, $-z$。配合物 7 的对称代码为：(i)x, $-y+1/2$, $z-1/2$；(ii)x, $-y+1/2$, $z+1/2$；(iii)$-x+2$, $-y+1$, $-z$。配合物 8 的对称代码为：(i)$-x$, $-y+1$, $-z+2$；(ii)$-x+1$, $-y+1$, $-z+2$；(iii)$-x$, $-y+2$, $-z+2$。

B X 射线粉末衍射

在室温下，对配合物 5~8 模拟的 X 射线粉末衍射所得到的谱图与通过 X 射线粉末衍射仪测试得到的谱图进行比较，由图 3-3 可知，两个谱图中测试峰值与

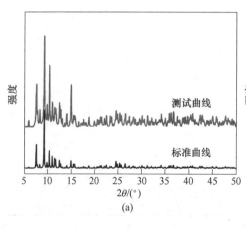

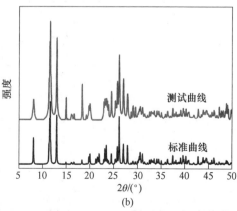

(a)   (b)

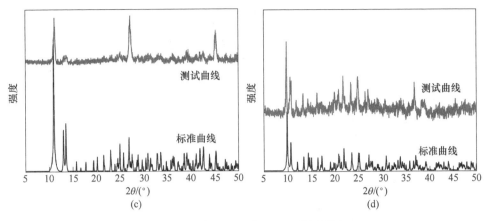

图 3-3 配合物 5~8 的 XRPD 分析谱图

（a）配合物 5；（b）配合物 6；（c）配合物 7；（d）配合物 8

模拟峰值基本吻合，由此可以确定配合物 5~8 均为单一的纯品。

3.2.2.3 配合物结构描述

A 配合物 $Cu_8(ADMP)_3Br_8(5)$ 的晶体结构描述

配合物 5 中存在两个 Cu_4Br_4 原子簇，其中 Cu1、Cu2、Cu3、Cu5、Cu6 和 Cu7 分别处在由一个配体 ADMP 的 N 原子和三个 Br 组成的扭曲四面体的四配位环境中（图 3-4（a））。配合物 5 中配体 ADMP 的 N3、N4、N5 和 N6 分别与 Cu2、Cu7、Cu3 和 Cu5 有序连接，将配体 ADMP 与原子簇交替连接成空间 2D 链状结构，其空间有序的 2D 结构沿两个方向的结构堆积图如图 3-4（b）所示。该空间 2D 结构再经过 Cu1—N1、Cu2—N6 键连接，拓展为空间有序的 3D 结构，其沿 a 轴的结构堆积图如图 3-4（c）所示，沿 c 轴的结构堆积图如图 3-4（d）所示。

B 配合物 $Cu_2(TDMP)(DADMP)Br_6(6)$ 的晶体结构描述

配合物 6 中存在一个 Cu_2Br_6 原子簇，配体 TDMP 和 DADMP 没有参与配位，其中 Br1 起到桥连的作用（图 3-5（a））。如图 3-5（c）所示，配体 DADMP 中 C=C 键上的 H 原子与 Br3 形成非典型氢键 C4—H4A···Br3、C2—H2C···Br3 和 C3—H3B···Br3，如上作用力将单分子连接成空间有序的 2D 结构，其沿 b 轴的结构堆积图如图 3-5（b）所示。该空间 2D 结构再经过图 3-5（d）所示的非典型氢键 C3—H3A···Br2 和 C2—H2D···Br2 的作用，会将空间结构拓展为空间有序的 3D 结构，其沿 a 轴的结构堆积图如图 3-5（e）所示。最后，在图 3-5（f）所示的氢键 N2—H9A···Br1、N2—H9A···Br3 和 N2—H9B···Br2 的作用下，配体 TDMP 与 Cu_2Br_6 原子簇能够连接起来，空间有序的 3D 结构沿 a 轴的结构堆积图如图 3-5（g）所示。

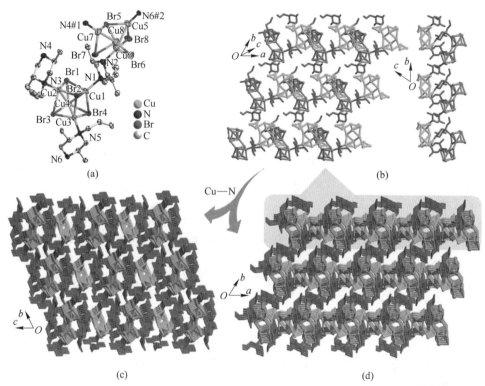

图 3-4　配合物 5 的空间结构展示图

（a）配合物 5 的配位环境图；（b）沿不同方向的由共价键连接的 2D 结构堆积图；
（c）沿 *a* 轴的由 Cu—N 键作用扩展连接的 3D 结构堆积图；
（d）沿 *c* 轴的由 Cu—N 键作用扩展连接的 3D 结构堆积图

图 3-4 彩图

C　配合物 $[Cu_4(DADMP)Br_4]_n(7)$ 的晶体结构描述

配合物 7 中心的 Cu 有 2 种配位环境（图 3-6（a））。Cu1 处在由三个 Br 原子及配体 DADMP 一侧 N 原子组成的扭曲四面体的四配位环境中，其中配体 DADMP 的哌嗪环为椅式构型；Cu2 处在由配体 DADMP 一侧的 C≡C 键及三个 Br 原子组成的扭曲四面体的四配位环境中。经 Br 原子桥连，该配合物呈空间有序的 2D 结构，其沿 *a* 轴的结构堆积图如图 3-6（b）所示。如图 3-6（c）所示，在非典型氢键 C3—H3B···Br2 和 C1—H1A···π 的相互作用下，空间 2D 结构延展为空间有序的 3D 结构，其沿 *c* 轴的结构堆积图如图 3-6（d）所示。

D　配合物 $[Cu_6(DADMP)Cl_8]_n(8)$ 的晶体结构描述

配合物 8 中心的 Cu 有 2 种配位环境。Cu1 处在由三个 Cl 原子和配体 DADMP 中一侧的 C≡C 双键组成的扭曲空间四面体的四配位环境中，配体 DADMP 的哌嗪环为椅式构型；Cu2 和 Cu3 均处于一个由三个 Cl 原子组成的扭曲平面三配位

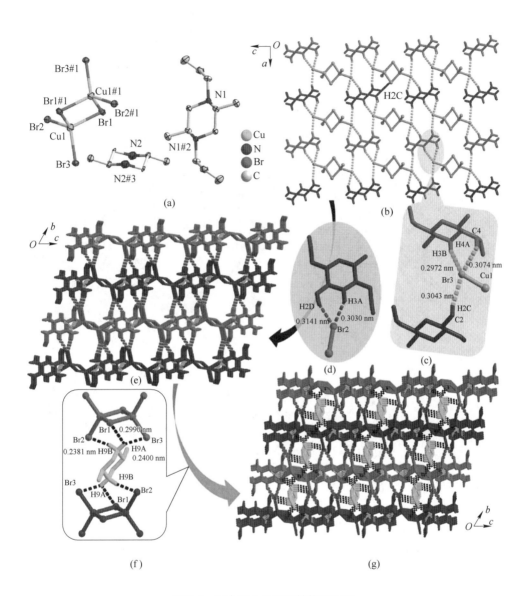

图 3-5 配合物 6 的空间结构展示图

（a）配合物 6 的配位环境图；（b）沿 b 轴的由非共价键作用
扩展连接的 2D 结构堆积图；（c）不同相邻分子间的相互作用细节图；
（d）不同层间相邻簇与配体间的相互作用细节图；（e）沿 a 轴的由
非共价键作用扩展连接的 3D 结构堆积图；（f）相邻 Cu_2Br_6 簇与
配体间的 C—H···X 相互作用细节图；（g）沿 a 轴的由非共价键
作用扩展连接的 3D 结构堆积图

图 3-5 彩图

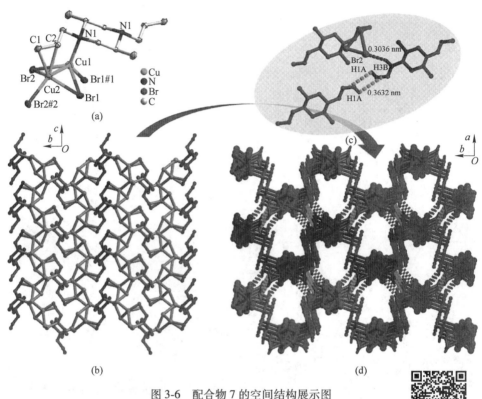

图 3-6 配合物 7 的空间结构展示图

（a）配合物 7 的配位环境图；（b）沿 *a* 轴的由共价键连接的
2D 结构堆积图；（c）不同层间相邻配体间的相互作用细节图；
（d）沿 *c* 轴的由非共价键作用扩展连接的 3D 结构堆积图

图 3-6 彩图

环境中。另外，配合物中的 Cu1、Cu2 和 Cu3 与三个 Cl 原子连接成键，形成一个原子簇结构（图 3-7（a））。如图 3-7（b）所示，配合物 8 经 Cl 原子的桥连，沿 *a* 轴堆积形成二维的面状网络结构，再经分子间非典型氢键 C1—H1A···Cl1、C3—H3A···Cl2 和 C4—H4B···Cl2 的作用（图 3-7（c）），将空间 2D 结构连接成空间有序的 3D 结构（图 3-7（d））。

3.2.3 配合物催化 C—P 键形成的研究

3.2.3.1 催化剂筛选及反应条件优化

本书以 4-碘甲苯和二苯基膦为 C—P 键交叉偶联反应的底物，以碱金属碳酸盐为碱，进行催化剂的筛选及反应条件的优化（表 3-5）。首先，本书进行了空白实验，在无任何催化剂的条件下，没有检测到目标产物（序号 1~4），在单独以 CuI 为催化剂的条件下，可以得到 5%~8% 的目标产物（序号 5~8）。在基于 *t*DMP 构筑的配合物中，本章首先选取配合物 7 为催化剂，对反应所用的溶剂和

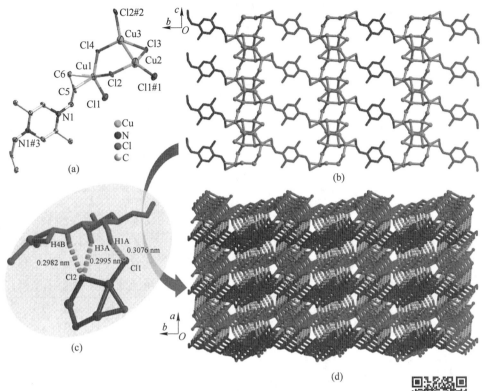

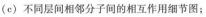

图 3-7　配合物 8 的空间结构展示图

（a）配合物 8 的配位环境图；（b）沿 a 轴的由共价键连接的 2D 结构堆积图；

（c）不同层间相邻分子间的相互作用细节图；

（d）沿 c 轴的由非共价键作用扩展连接的 3D 结构堆积图

图 3-7 彩图

碱进行了实验对比，结果显示在以 DMSO 为溶剂时，催化效果最好，产率可达 73.4%，而碱的变化对反应影响很小（序号 9~14）。增加催化剂配合物 7 的投入量，对产物产率并没有较大影响（序号 15）。之后选取配合物 8 为催化剂，催化效果比配合物 7 更好，在以 DMSO 为溶剂时有更高的产率（序号 16~21），这和前文所述配合物 8 晶体结构中存在稳定的 Cu（Ⅰ）的分析相对应。在选取配合物 5 和配合物 6 为催化剂的条件下，以 DMF 和 DMSO 为溶剂，对比以 CuI 为催化剂，目标产物产率仅提高 4%~9%（序号 22~25）。综上，基于 tDMP 构筑的配合物 7 和配合物 8 均可催化碘代芳烃与二苯基膦进行交叉偶联反应，其最优条件是以 5%（摩尔分数）的配合物 8 为催化剂，以 10%（摩尔分数）的 K_2CO_3 为碱，起始原料为 4-碘甲苯（0.5 mmol）和二苯基膦（0.5 mmol），以 1.5 mL 的 DMSO 为溶剂，于空气中、常压下反应 8~9 h，反应温度为 85 ℃。

表 3-5　催化剂筛选及反应条件优化

序号[①]	催化剂	碱	溶剂	产率[②]/%
1	—	K_2CO_3	甲苯	—
2	—	K_2CO_3	DMF	—
3	—	Cs_2CO_3	DMSO	—
4	—	Cs_2CO_3	DMF	—
5	CuI	K_2CO_3	DMSO	6.7
6	CuI	K_2CO_3	甲苯	5.6
7	CuI	K_2CO_3	DMF	5.2
8	CuI	Cs_2CO_3	DMSO	7.9
9	配合物 7	K_2CO_3	甲苯	71.1
10	配合物 7	K_2CO_3	DMF	70.5
11	配合物 7	K_2CO_3	DMSO	73.4
12	配合物 7	Cs_2CO_3	甲苯	69.5
13	配合物 7	Cs_2CO_3	DMF	72.2
14	配合物 7	Cs_2CO_3	DMSO	72.8
15	配合物 7[③]	K_2CO_3	DMSO	73.9
16	配合物 8	K_2CO_3	DMF	78.2
17	配合物 8	K_2CO_3	DMSO	87.3
18	配合物 8	K_2CO_3	甲苯	74.3
19	配合物 8	Cs_2CO_3	DMF	79.7
20	配合物 8	Cs_2CO_3	DMSO	80.1
21	配合物 8	Cs_2CO_3	甲苯	73.6
22	配合物 5	K_2CO_3	DMF	9.1
23	配合物 5	K_2CO_3	DMSO	11.9
24	配合物 6	K_2CO_3	DMF	10.6
25	配合物 6	K_2CO_3	DMSO	15.7

① 反应条件是原料投料量各为 0.5 mmol，碱用量为原料总投料量的 10%（摩尔分数），催化剂用量为原料总投料量的 5%（摩尔分数），反应所用溶剂为 1.5 mL，反应温度为 80~95 ℃，反应在空气中、常压下进行 8~9 h。

② 产物定性定量采用柱层析技术、LC-MS 和 ^{1}H NMR。

③ 增加催化剂用量至原料总投料量的 10%（摩尔分数）。

3.2.3.2 底物普适性研究（构效关系）

通过实验得到最优反应条件后，本书对配合物 8 催化碘代芳烃与二苯基膦的 C—P 键交叉偶联反应的普适性进行研究，结果见表 3-6。实验结果表明，3-1（表 3-6）底物苯环上的取代基通过诱导效应对反应产生一定影响，如供电子基团（—CH₃、—N(CH₃)₂）更有利于碘离子的脱除而使反应较为容易地进行；吸电子基团（—COOH）则降低了反应活性；3-1f（表 3-6）中苯环的空间位阻对产物产率的影响也较大。

表 3-6 底物拓展实验

序号	卤代芳烃	产物	产率/%
1	H₃C—⟨⟩—I 3-1a	H₃C—⟨⟩—PPh₂ 3-3a	87.3
2	⟨⟩I CH₃ 3-1b	⟨⟩PPh₂ CH₃ 3-3b	88.1
3	HOOC—⟨⟩—I 3-1c	HOOC—⟨⟩—PPh₂ 3-3c	81.5
4	⟨⟩I COOH 3-1d	⟨⟩PPh₂ COOH 3-3d	82.6
5	(H₃C)₂N—⟨⟩—I 3-1e	(H₃C)₂N—⟨⟩—PPh₂ 3-3e	85.3
6	⟨⟩ I 3-1f	⟨⟩ PPh₂ 3-3f	73.7

注：反应条件为以 0.5 mmol 碘代芳烃和 0.5 mmol 二苯基膦为原料，加入 0.1 mmol K₂CO₃、0.05 mmol 配合物 8、1.5 mL DMSO，于空气中、常压下、85 ℃反应 8~9 h。

以配合物 8 为催化剂还可以对其他底物的 C—C 键和 C—N 键的交叉偶联反应进行催化，但分别对比所用基于 DABCO 和基于 BPY 和 TPP 构建的 Cu(Ⅰ/Ⅱ)L$_x$ 催化剂，本章催化剂的效果略差，具体数据不予赘述。相比其他两类催化剂，本章基于 tDMP 构建的 Cu(Ⅰ/Ⅱ)L$_x$ 催化剂中心 Cu 周围的空间位阻最小，尤其对较大分子间的 C—P 键交叉偶联反应有较好的催化效果。此外，与基于 DABCO 构建的 Cu(Ⅰ/Ⅱ)L$_x$ 催化剂类似，本章催化剂的空间呈链状或面状结构，而第 4 章中含—PPh$_3$ 基团的单分子配合物催化剂，更易与简单分子配位形成稳定的过渡态，呈现更好的 C—N 键交叉偶联反应催化效果。

3.2.3.3　催化剂重复使用次数考量

本章选取配合物 8 进行重复性催化实验，每次重复实验所加入底物、碱、溶剂保持相同，温度及反应时间保持一致。催化反应结束后，使用有机膜（ϕ50 mm，0.45 μm）过滤出固态催化剂，交替使用少量去离子水和乙醇对滤饼进行清洗，所得干净固态回收催化剂经恒温 80 ℃ 烘干后，再进行下一次重复性催化实验。

通过重复性催化实验得到如图 3-8 所示的结果，配合物 8 在催化底物 3-1a（表 3-6）与 3-2（表 3-6）反应中，前 5 次催化得到的产物产率在 85% 以上，第 10 次使用后仍可以使产物产率保持在 64%。

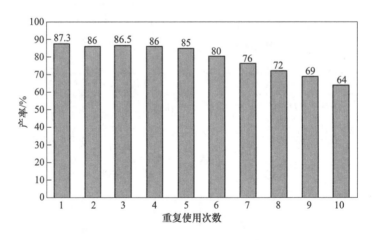

图 3-8　配合物 8 的重复性催化实验

3.2.3.4　催化反应机理的讨论

由以上的实验结果，本节提出配合物 8（见图 3-9 中的 **A**）催化二苯基膦与碘代芳烃可能的反应机理（图 3-9）。

碱性条件下，失去 H$^+$ 的二苯基膦负离子作为亲核基团代替催化剂中的 Cl$^-$ 进行交换配位（见图 3-9 中的 **B**），此过程中 Cu(Ⅰ) 没有价态变化，仍为三配位的 Cu(Ⅰ)，新的配合物 **B** 的结构具备一定稳定性，从而利于下一步反应进行。

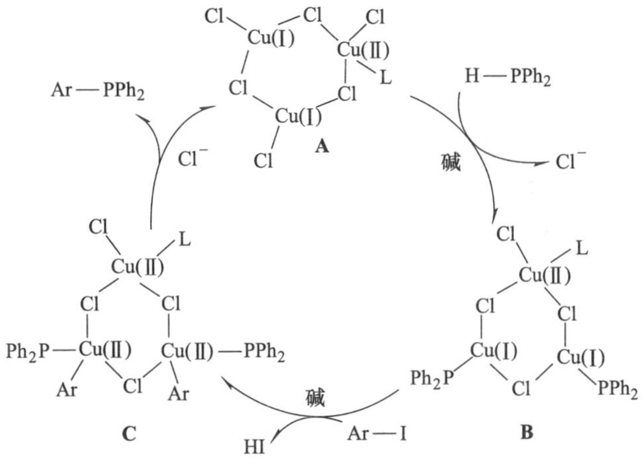

图 3-9 可能的反应机理

然后，经碱的缚酸作用，碘代芳烃脱去 I⁻后，形成缺电子的芳基正离子，进而与失去一个电子的 Cu(Ⅰ) 形成 Cu(Ⅱ)—Ar 共价键，原 Cu(Ⅰ) 转变为四配位 Cu(Ⅱ)，因两底物中的苯环间更倾向于形成大 π 键共轭体系，此过渡态并不稳定（见图 3-9 中的 **C**），在短时间内会发生还原消除反应，得到目标产物，同时催化剂恢复为原始结构。由该机理可以印证本章前文提到的配合物 8 的催化活性要明显好于配合物 7，可能是配合物 8 中存在两个活性中心，导致其有更好的催化效率。

3.2.3.5　产物结构表征

A　diphenyl(*p*-tolyl)-phosphane(见表 3-6 中的 3-3a)

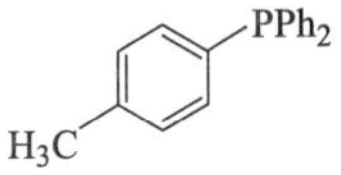

（1）^{1}H NMR(400 MHz, CDCl$_3$)：$\delta = 7.30 \times 10^{-6}$(m, 14H, —Ph)，$\delta = 2.42 \times 10^{-6}$(d, 3H, —CH$_3$)。

（2）MS(ESI)：$m/z = 276.2$。

（3）Elem. Anal.：计算的 3-3a C$_{19}$H$_{17}$P 的化学组成为 82.59%C，6.20%H，11.21%P；实测的化学组成为 82.54%，6.18%H。

B　diphenyl(*o*-tolyl)phosphane(见表 3-6 中的 3-3b)

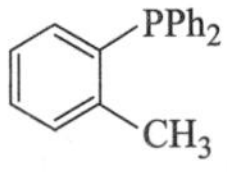

（1）^{1}H NMR(400 MHz, CDCl$_3$)：$\delta = 7.34 \times 10^{-6}$(m, 12H, —Ph)，$\delta = 7.14 \times$

10^{-6}(t, $J=8.0$ Hz, 1H, —Ph), $\delta=6.83\times10^{-6}$(m, $J=8.0$ Hz, 1H, —Ph), $\delta=2.47\times10^{-6}$(d, 3H, —CH$_3$)。

（2）MS(ESI)：$m/z=276.1$。

（3）Elem. Anal.：计算的 3-3b C$_{19}$H$_{17}$P 的化学组成为 82.59%C, 6.20%H, 11.21%P；实测的化学组成为 82.63%C, 6.22%H。

C　4-(diphenylphosphaneyl)-benzoic acid （见表 3-6 中的 3-3c）

（1）^{1}H NMR(400 MHz, DMSO-d$_6$)：$\delta=13.08\times10^{-6}$(s, 1H, —OH), $\delta=7.94\times10^{-6}$(m, 2H, —Ph), $\delta=7.44\times10^{-6}$(dd, 4H, —Ph), $\delta=7.29\times10^{-6}$(m, 8H, —Ph)。

（2）MS(ESI)：$m/z=306.2$。

（3）Elem. Anal.：计算的 3-3c C$_{19}$H$_{15}$O$_2$P 的化学组成为 74.50%C, 4.94%H, 10.45%O, 10.11%P；实测的化学组成为 74.48%C, 4.95%H。

D　2-(diphenylphosphaneyl)benzoic acid（见表 3-6 中的 3-3d）

（1）^{1}H NMR(400 MHz, CDCl$_3$)：$\delta=10.66\times10^{-6}$(s, 1H, —OH), $\delta=8.21\times10^{-6}$(m, 1H, —Ph), $\delta=7.44\times10^{-6}$(m, 12H, —Ph), $\delta=7.05\times10^{-6}$(m, 1H, —Ph)。

（2）MS(ESI)：$m/z=306.2$。

（3）Elem. Anal.：计算的 3-3d C$_{19}$H$_{15}$O$_2$P 的化学组成为 74.50%C, 4.94%H, 10.45%O, 10.11%P；实测的化学组成为 74.52%C, 4.93%H。

E　4-(diphenylphosphaneyl)-N,N-dimethylaniline（见表 3-6 中的 3-3e）

（1）^{1}H NMR(400 MHz, DMSO-d$_6$)：$\delta=7.37\times10^{-6}$(m, 6H, —Ph), $\delta=7.17\times10^{-6}$(m, $J=8.0$ Hz, 6H, —Ph), $\delta=6.74\times10^{-6}$(d, $J=8.0$ Hz, 2H, —Ph), $\delta=2.94\times10^{-6}$(d, 6H, —CH$_3$)。

（2）MS(ESI)：$m/z=305.1$。

（3）Elem. Anal.：计算的 3-3e C$_{20}$H$_{20}$NP 的化学组成为 78.67%C, 6.60%H, 4.59%N, 10.14%P；实测的化学组成为 78.69%C, 6.62%H；4.53%N。

F [1,1′-biphenyl]-2-yldiphenylphosphane(见表 3-6 中的 3-3f)

（1）¹H NMR(400 MHz, CDCl₃)：$\delta=7.62\times10^{-6}$(m, 1H, —Ph), $\delta=7.47\times10^{-6}$(m, 2H, —Ph), $\delta=7.35\times10^{-6}$(m, 13H, —Ph), $\delta=7.23\times10^{-6}$(dd, 2H, —Ph), $\delta=7.12\times10^{-6}$(dt, 1H, —Ph)。

（2）MS(ESI)：$m/z=338.1$。

（3）Elem. Anal.：计算的 3-3f $C_{24}H_{19}P$ 的化学组成为 85.19%C, 5.66%H, 9.15%P；实测的化学组成为 85.24%C, 5.60%H。

3.2.4 反应的绿色化程度

3.2.4.1 原子利用率

在应用传统催化剂（CuI/CuBr）的条件下，由于催化选择性差，会使得卤代芳烃发生自偶联反应，本节以 4-碘甲苯和二苯基膦反应为例，通过反应式展示各物质的摩尔分数，并计算原子利用率。计算公式如下：

$$原子利用率=\frac{276}{3\times218+186}\times100\%=32.9\%$$

在应用新型催化剂（配合物 8）的条件下，催化反应的选择性高，以底物 4-碘甲苯和二苯基膦的反应为例，通过反应式展示各物质的摩尔分数，并计算原子利用率。计算公式如下：

$$原子利用率=\frac{276}{218+186}\times100\%=68.3\%$$

本节通过上述方法计算得到不同底物间 C—P 交叉偶联反应的原子利用率，数据汇总见表 3-7。结果显示：使用新型催化剂后，原子利用率由 32.8% ~ 32.9%提升至 68.3% ~ 72.5%，最高增幅约 120%，说明以配合物 8 为催化剂会使得反应的目标产物选择性显著提高，从而能够有效降低副产物的生成，减少大量废物的产生，反应的绿色化程度更高。

表 3-7 原子利用率汇总表

序号	卤代芳烃摩尔质量 /g·mol⁻¹	二苯基膦摩尔质量 /g·mol⁻¹	催化剂	产物摩尔质量 /g·mol⁻¹	原子利用率 /%
1	218(3-1a)	186(3-2)	配合物 8	276(3-3a)	68.3
	654(3-1a)		传统催化剂		32.8
2	218(3-1b)	186(3-2)	配合物 8	276(3-3b)	68.3
	654(3-1b)		传统催化剂		32.8
3	248(3-1c)	186(3-2)	配合物 8	306(3-3c)	70.5
	744(3-1c)		传统催化剂		32.9
4	248(3-1d)	186(3-2)	配合物 8	306(3-3d)	70.5
	744(3-1d)		传统催化剂		32.9
5	247(3-1e)	186(3-2)	配合物 8	305(3-3e)	70.4
	741(3-1e)		传统催化剂		32.9
6	280(3-1f)	186(3-2)	配合物 8	338(3-3f)	72.5
	840(3-1f)		传统催化剂		32.9

3.2.4.2 E-因子

本章以新型催化剂配合物 8 和传统催化剂（CuI/CuBr）为例，在应用新型催化剂的条件下，各反应产物产率以本章催化实验为准，在应用传统催化剂的条件下，各反应产物产率以本章催化实验平均值的 5% 进行计算，其中传统催化剂无回收利用，质量计入废物质量。如 2.2.4.2 节所述，在计算 E-因子时可对溶剂和碱的影响忽略不计。

各个反应的 E-因子见表 3-8，在应用新型催化剂的条件下，E-因子由 60 降低至 0.7，已达到大宗化学品行业的 E-因子数值范围，说明采用新型催化剂可以在实际生产中大大减少废弃物的排放，有效降低对资源的浪费和对环境的污染，对提高反应的绿色化程度起到关键作用。

表 3-8 E-因子汇总表

序号	卤代芳烃质量 /g	二苯基膦质量 /g	催化剂质量 /g	废物质量 /g	目标产物质量 /g	E-因子
1	0.109（3-1a）	0.093（3-2）	0.0101（新）	0.082	0.1200（3-3a）	0.7
	0.327（3-1a）		0.0210（老）	0.434	0.0069（3-3a）	63
2	0.109（3-1b）	0.093（3-2）	0.0101（新）	0.080	0.1220（3-3b）	0.7
	0.327（3-1b）		0.0210（老）	0.434	0.0069（3-3b）	63
3	0.124（3-1c）	0.093（3-2）	0.0109（新）	0.092	0.1250（3-3c）	0.7
	0.372（3-1c）		0.0233（老）	0.481	0.0077（3-3c）	62

序号	卤代芳烃质量 /g	二苯基膦质量 /g	催化剂质量 /g	废物质量 /g	目标产物质量 /g	E-因子
4	0.124（3-1d）	0.093（3-2）	0.0109（新）	0.091	0.1260（3-3d）	0.7
	0.372（3-1d）		0.0233（老）	0.481	0.0077（3-3d）	62
5	0.124（3-1e）	0.093（3-2）	0.0109（新）	0.087	0.1300（3-3e）	0.7
	0.371（3-1e）		0.0232（老）	0.480	0.0076（3-3e）	63
6	0.140（3-1f）	0.093（3-2）	0.0117（新）	0.108	0.1250（3-3f）	0.9
	0.420（3-1f）		0.0257（老）	0.530	0.0085（3-3f）	62

3.3 本 章 小 结

（1）基于 tDMP 合成得到修饰的 tDMP 配体化合物 ADMP 和 DADMP。通过溶剂热法得到 Cu（Ⅰ/Ⅱ）L$_x$ 配合物 5，6，7 和 8，并通过 X 射线单晶结构分析予以结构确证，并给出了空间堆积图。结果显示：配合物 5 的空间结构为 3D，而配合物 6 的单分子之间广泛存在着 C—H⋯π 相互作用、非典型氢键 C—H⋯X 和典型氢键 N—H⋯X，这三类较弱的作用力将单分子有序地连接在一起，形成空间 3D 结构。配合物 7 和 8 都为空间 2D 结构，其再经非典型氢键作用将 2D 结构连接成空间 3D 结构，配位键、分子间 C—H⋯π 相互作用和氢键均有效地增加了配合物的稳定性。通过晶体结构分析，配合物 8 中因存在稳定的三配位的 Cu（Ⅰ）而具有催化活性，配合物 7 的空间构型存在链状原子簇，为催化反应提供了活性中心。

（2）本章以配合物 7 和 8 分别作为催化剂进行了一些底物交叉偶联反应实验。结果显示：配合物 7 和配合物 8 可以更好地对二苯基膦与碘代芳烃化合物的 C—P 键交叉偶联反应进行催化，部分目标产物产率可达 88% 以上，且催化反应条件温和，可于空气中、常压下、85 ℃反应 8~9 h 完成。在底物适应性方面，配合物 8 在催化一些含取代基的底物进行偶联反应时所显示的产率数据与其分子结构中存在两个活性中心 Cu（Ⅰ）的理论分析形成对应。苯环上的供电子基团有利于反应进行，吸电子基团则降低了反应活性。在催化剂重复性使用方面，配合物 8 在前 5 次的使用中，对底物 4-碘甲苯与二苯基膦催化得到的目标产物产率达 85%~87.3%，经 10 次使用后仍可保持在 60% 以上。

（3）以新型催化剂配合物 8 和传统催化剂（CuI/CuBr）为例，计算各个催化反应的原子利用率和 E-因子作为反应的绿色化评价指标。结果显示：相对于传统催化剂，各反应的原子利用率平均增加 113%，有效提高了目标产物的产率，同时降低了反应后处理的难度。计算 E-因子显示，各反应的 E-因子数值降低明显，新催化剂下 E-因子数值低至 0.7，平均降低 98.8%，说明反应的绿色化程度高，废弃物排放量低，对环境影响小。

4 基于 BPY 和 TPP 的铜金属 配合物设计、催化偶联反应 及绿色化评价

4.1 引　言

对于铜催化 C—N 键交叉偶联反应，科研人员多采用二齿配体作为促进剂，协助铜盐进行催化反应，如前文提到的 1,10-邻二氮杂菲系列衍生物、乙二胺系列衍生物、1,3-二羰基化合物以及氨基酸系列衍生物。BPY（2,2'-联吡啶）是一种优良的刚性二齿螯合配体，两个氮原子可以与金属离子形成螯合环，螯合环的稳定性与芳香环相似。TPP 是最简单的中性膦配体，其磷原子上的一对孤对电子提供给具有空轨道的金属形成配位键，同时 TPP 也可以作为 π 接受体，常用来设计合成稳定的单核、双核及多核有机金属配合物。BPY 与 TPP 中吡啶环和苯环的 π 轨道可与其他芳香环的 π 轨道发生作用，产生 π—π 间相互作用，使配合物结构更加稳定、更加复杂化。

本章基于 BPY 和 TPP 设计合成一系列的 Cu(I / II)L$_x$ 配合物，并通过实验进一步研究了这些配合物对底物交叉偶联反应的催化效果。

4.2 实 验 部 分

4.2.1 化学药品、试剂及仪器

实验所用化学药品、试剂及仪器见表 4-1 和表 4-2。

表 4-1　实验所用化学药品和试剂

名称	纯级	生产厂家
三苯基膦（TPP）	分析纯	上海阿拉丁生化科技股份有限公司
2,2'-联吡啶（BPY）	分析纯	上海阿拉丁生化科技股份有限公司
3-氨基苯酚	分析纯	上海阿拉丁生化科技股份有限公司
4-氨基苯酚	分析纯	上海阿拉丁生化科技股份有限公司
4-甲基苯胺	分析纯	上海阿拉丁生化科技股份有限公司

名称	纯级	生产厂家
3,4-二甲基苯胺	分析纯	上海阿拉丁生化科技股份有限公司
3-甲氧基苯胺	分析纯	上海阿拉丁生化科技股份有限公司
4-甲氧基苯胺	分析纯	上海阿拉丁生化科技股份有限公司
2-硝基苯胺	分析纯	上海阿拉丁生化科技股份有限公司
4-硝基苯胺	分析纯	上海阿拉丁生化科技股份有限公司
苯二胺	分析纯	上海阿拉丁生化科技股份有限公司
氯化亚铜（CuCl）	分析纯	上海阿拉丁生化科技股份有限公司
溴化亚铜（CuBr）	分析纯	上海阿拉丁生化科技股份有限公司
碘化亚铜（CuI）	分析纯	上海阿拉丁生化科技股份有限公司
氢氧化钾（KOH）	分析纯	国药集团化学试剂有限公司
氢氧化钠（NaOH）	分析纯	国药集团化学试剂有限公司
碳酸钾（K_2CO_3）	分析纯	国药集团化学试剂有限公司
碳酸铯（Cs_2CO_3）	分析纯	国药集团化学试剂有限公司
N,N-二甲基甲酰胺（DMF）	分析纯	国药集团化学试剂有限公司
乙腈（CH_3CN）	分析纯	国药集团化学试剂有限公司
甲苯（toluene）	分析纯	国药集团化学试剂有限公司
二甲亚砜（DMSO）	分析纯	国药集团化学试剂有限公司
三氯甲烷（$CHCl_3$）	分析纯	国药集团化学试剂有限公司
无水乙醇（EtOH）	分析纯	国药集团化学试剂有限公司
无水甲醇（CH_3OH）	分析纯	国药集团化学试剂有限公司
乙酸乙酯（EA）	分析纯	国药集团化学试剂有限公司
盐酸（HCl）	分析纯	国药集团化学试剂有限公司
碘苯	分析纯	上海阿拉丁生化科技股份有限公司
溴苯	分析纯	上海阿拉丁生化科技股份有限公司

表 4-2 实验所用仪器

仪器名称	型号	生产厂家
X 射线单晶衍射仪	SMART APEX II	德国 Bruker 公司
X 射线粉末衍射仪	XRPD-6000	日本 Shimadzu 公司
核磁共振仪	Avance II 400 MHz	德国 Bruker 公司
元素分析仪	Vario III	德国 Elementar 公司
液质联用仪	Agilent 6110	美国安捷伦公司

4.2.2 基于 BPY 和 TPP 配体构筑配合物的研究

4.2.2.1 配合物的合成

A 配合物 Cu(TPP)(BPY)Br(9) 的合成

称取 BPY 配体（0.0781 g，0.5 mmol）、TPP 配体（0.0618 g，0.25 mmol）和 CuBr(0.143 g，1 mmol) 置于耐热玻璃管中，再加入 1.4 mL 无水甲醇和 0.3 mL 去离子水，充分振荡混合均匀后对耐热玻璃管进行负压排气处理。耐热玻璃管中的样品经 3~4 次的温水解冻和液氮冷冻操作，充分将夹杂在样品间的空气排除干净，然后用高温火焰进行密封。密封好的耐热玻璃管置于 65 ℃的烘箱中，恒温反应 3 天后取出。可见耐热玻璃管中生成大量深黄色晶体，通过分离得配合物 9，产率约 78%（以 BPY 配体计）。

B 配合物 $Cu_2(TPP)_2(BPY)Cl_2(10)$ 的合成

称取 BPY 配体（0.0781 g，0.5 mmol）、TPP 配体（0.0618 g，0.25 mmol）和 CuCl(0.0989 g，1 mmol) 置于耐热玻璃管中，再加入 1.4 mL 无水甲醇和 0.3 mL 去离子水，充分振荡混合均匀后对耐热玻璃管进行持续负压排气处理。采取配合物 9 的后续制备方法，将密封好的耐热玻璃管置于 65 ℃的烘箱中，恒温反应 3 天后取出。可见耐热玻璃管中生成大量深黄色晶体，通过分离得配合物 10，产率约 79%（以 BPY 配体计）。

C 配合物 Cu(TPP)(BPY)I(11) 的合成

先后称取 BPY 配体（0.078 g，0.5 mmol）、TPP 配体（0.0618 g，0.25 mmol）和 CuI(0.191 g，1 mmol) 置于耐热玻璃管中，再加入 1.4 mL 无水甲醇和 0.3 mL 去离子水，充分振荡混合均匀后对耐热玻璃管进行持续负压排气处理。采取配合物 9 的后续制备方法，将密封好的耐热玻璃管置于 65 ℃的烘箱中，恒温反应 3 天后取出。可见耐热玻璃管中生成大量深黄色晶体，通过分离得配合物 11，产率约 82%（以 BPY 配体计）。

D 配合物 $Cu_4(TPP)_4Cl_4(12)$ 的合成

先后称取 TPP 配体（0.131 g，0.5 mmol）和 CuCl(0.0988 g，1 mmol) 置于耐热玻璃管中，再加入 1.4 mL 无水甲醇和 0.3 mL 去离子水，充分振荡混合均匀后对耐热玻璃管进行持续负压排气处理。采取配合物 9 的后续制备方法，将密封好的耐热玻璃管置于 60 ℃的烘箱中，恒温反应 3 天后取出，可见耐热玻璃管中生成大量白色晶体，通过分离得配合物 12，产率约 85%（以 TPP 配体计）。

E 配合物 $Cu_4(TPP)_4Br_4(13)$ 的合成

先后称取 TPP 配体（0.131 g，0.5 mmol）和 CuBr(0.143 g，1 mmol) 置于耐热玻璃管中，再加入 1.4 mL 无水甲醇和 0.3 mL 去离子水，充分振荡混合均匀后对耐热玻璃管进行持续负压排气处理。采取配合物 9 的后续制备方法，将密封好的耐热玻璃管置于 60 ℃ 的烘箱中，恒温反应 3 天后取出，可见耐热玻璃管中生成大量白色晶体，通过分离得配合物 13，产率约 79%（以 TPP 配体计）。

F　配合物 Cu(TPP)₃Cl(TPP)(14) 的合成

先后称取 TPP 配体（0.131 g，0.5 mmol）和 CuCl（0.099 g，1 mmol）置于耐热玻璃管中，再加入 1.4 mL 无水甲醇和 0.3 mL 去离子水，充分振荡混合均匀后对耐热玻璃管进行持续负压排气处理。采取配合物 9 的后续制备方法，将密封好的耐热玻璃管置于 65 ℃ 的烘箱中，恒温反应 3 天后取出，可见耐热玻璃管中生成淡黄色晶体，通过分离得配合物 14，产率约 69%（以 TPP 配体计）。

4.2.2.2　配合物结构表征

A　X 射线单晶衍射

采用 X 射线单晶衍射仪对配合物 9~14 进行单晶衍射测试，仪器采用石墨单色化 Mo Kα 射线（λ = 0.0712 nm），室温下收集衍射点数据。采用全矩阵最小二乘法对结构进行精修，以直接法解析精修的单晶结构。所有非氢原子采取各向异性热参数，氢原子采用各向同性热参数。配合物 9~14 的晶体学数据和参数见表 4-3。配合物 9~14 的部分键长、键角见表 4-4。

表 4-3　配合物 9~14 的晶体结构数据和精修参数

参数	配合物 9	配合物 10	配合物 11
经验式	$C_{28}H_{23}BrCuN_2P$	$C_{46}H_{38}Cl_2Cu_2N_2P_2$	$C_{28}H_{23}CuIN_2P$
温度/K	293(2)	293(2)	293(2)
晶体颜色	暗黄色	暗黄色	暗黄色
相对分子质量	561.90	878.72	608.90
晶系	单斜晶系	三斜晶系	三斜晶系
空间群	C2/c	P1̄	P1̄
a/nm	3.35490(3)	0.90318(11)	0.94510(7)
b/nm	0.93624(7)	0.92374(12)	1.76760(13)
c/nm	1.88297(14)	2.77310(4)	1.77500(2)
α/(°)	90.000	83.160(2)	65.124(5)
β/(°)	123.263(1)	86.684(2)	74.560
γ/(°)	90.000	62.746(1)	74.490
V/nm³	4.9454(7)	2.0421(5)	2.5520(4)
Z	8	2	4
$F(000)$	2272.0	900.0	1208.0
h、k、l 范围	$-10 \leqslant h \leqslant 10$, $-20 \leqslant k \leqslant 20$, $-13 \leqslant l \leqslant 13$	$-10 \leqslant h \leqslant 10$, $-10 \leqslant k \leqslant 10$, $-32 \leqslant l \leqslant 32$	$-10 \leqslant h \leqslant 10$, $-20 \leqslant k \leqslant 20$, $-13 \leqslant l \leqslant 13$

参数	配合物 9	配合物 10	配合物 11
F^2 上的拟合度	1.188	0.784	0.967
最终的 R 因子 $[I>2\sigma(I)]$	$R_1=0.0304$, $wR_2=0.0803$	$R_1=0.0366$, $wR_2=0.1013$	$R_1=0.0622$, $wR_2=0.1434$
R 因子(所有数据)	$R=0.0598$, $wR_2=0.1194$	$R=0.0591$, $wR_2=0.1194$	$R=0.1091$, $wR_2=0.1702$

参数	配合物 12	配合物 13	配合物 14
经验式	$C_{72}H_{60}Cl_4Cu_4P_4$	$C_{72}H_{60}Br_4Cu_4P_4$	$C_{72}H_{60}ClCuP_4$
温度/K	293(2)	293(2)	293(2)
晶体颜色	白色	白色	淡黄色
相对分子质量	1445.08	1622.97	1148.08
晶系	正交晶系	正交晶系	三斜晶系
空间群	Pbcn	Pbcn	P$\bar{1}$
a/nm	1.74277(8)	1.74536(9)	1.02390(11)
b/nm	2.04672(12)	2.04641(10)	1.32240(14)
c/nm	1.81989(9)	1.81954(8)	2.24400(2)
α/(°)	90.000	90.000	82.136(15)
β/(°)	90.000	90.000	80.446(14)
γ/(°)	90.000	90.000	86.788(15)
V/nm^3	6.4915(6)	6.4989(5)	2.9660(5)
Z	4	4	2
$F(000)$	2944.0	6345.0	1196.0
h、k、l 范围	$-18 \leqslant h \leqslant 20$, $-24 \leqslant k \leqslant 23$, $-21 \leqslant l \leqslant 21$	$-20 \leqslant h \leqslant 20$, $-22 \leqslant k \leqslant 24$, $-18 \leqslant l \leqslant 21$	$-10 \leqslant h \leqslant 10$, $-13 \leqslant k \leqslant 13$, $-23 \leqslant l \leqslant 23$
F^2 上的拟合度	0.852	1.412	0.996
最终的 R 因子 $[I>2\sigma(I)]$	$R_1=0.0407$, $wR_2=0.1107$	$R_1=0.0375$, $wR_2=0.0817$	$R_1=0.0434$, $wR_2=0.1016$
R 因子(所有数据)	$R=0.0753$, $wR_2=0.1354$	$R=0.0530$, $wR_2=0.0859$	$R=0.0718$, $wR_2=0.1170$

表 4-4 配合物 9~14 的部分键长和键角

配合物 9			
原子及其对称等效位置	键长/nm	原子及其对称等效位置	键长/nm
Cu1—N1	0.20840(3)	Cu1—P1	0.21990(11)
Cu1—N2	0.20980(3)	Cu1—Br1	0.24279(6)
原子及其对称等效位置	键角/(°)	原子及其对称等效位置	键角/(°)
N1—Cu1—N2	78.50(13)	C23—N1—Cu1	114.40(3)
N1—Cu1—P1	116.99(9)	C28—N2—Cu1	126.20(3)
N2—Cu1—P1	114.26(10)	C13—P1—Cu1	116.30(13)
N1—Cu1—Br1	115.09(9)	C1—P1—Cu1	115.01(13)
N2—Cu1—Br1	108.73(9)	C24—N2—Cu1	114.30(3)
P1—Cu1—Br1	116.88(3)	C7—P1—Cu1	115.23(12)
C19—N1—Cu1	127.30(3)		

配合物 10			
原子及其对称等效位置	键长/nm	原子及其对称等效位置	键长/nm
Cu1—N1	0.20580(3)	Cu2—P2	0.21916(9)
Cu1—N2	0.20740(3)	Cu2—Cl1	0.22180(11)
Cu1—P1	0.21856(9)	Cu2—Cl2	0.22740(10)
Cu1—Cl2	0.23494(10)		
原子及其对称等效位置	键角/(°)	原子及其对称等效位置	键角/(°)
N1—Cu1—P1	127.87(8)	C41—N2—Cu1	113.30(2)
N2—Cu1—P1	120.86(8)	C37—N2—Cu1	127.70(3)
N1—Cu1—Cl2	102.79(8)	C1—P1—Cu1	113.66(11)
N2—Cu1—Cl2	114.06(8)	C7—P1—Cu1	116.35(11)
P1—Cu1—Cl2	108.44(4)	C13—P1—Cu1	113.88(11)
P2—Cu2—Cl1	125.79(4)	C25—P2—Cu2	108.61(12)
P2—Cu2—Cl2	118.17(4)	C31—P2—Cu2	116.83(11)
Cl1—Cu2—Cl2	114.48(4)	C19—P2—Cu2	117.74(11)
C46—N1—Cu1	127.50(3)	Cu2—Cl2—Cu1	91.17(3)
C42—N1—Cu1	114.10(2)		

配合物 11			
原子及其对称等效位置	键长/nm	原子及其对称等效位置	键长/nm
Cu1—N1	0.2059(10)	Cu2—N3	0.2057(11)
Cu1—N2	0.2092(11)	Cu2—N4	0.2084(12)
Cu1—P1	0.2203(4)	Cu2—P2	0.2205(4)
Cu1—I1	0.2595(2)	Cu2—I2	0.2591(2)

配合物 11			
原子及其对称等效位置	键角/(°)	原子及其对称等效位置	键角/(°)
N1—Cu1—N2	79.40(5)	C19—N1—Cu1	126.20(10)
N1—Cu1—P1	115.60(3)	C35—P2—Cu2	114.60(4)
N2—Cu1—P1	118.80(3)	C29—P2—Cu2	116.10(4)
N1—Cu1—I1	109.50(3)	C41—P2—Cu2	115.70(5)
N2—Cu1—I1	113.50(3)	C28—N2—Cu1	130.00(9)
P1—Cu1—I1	114.93(11)	C24—N2—Cu1	113.30(9)
N3—Cu2—N4	79.60(5)	C47—N3—Cu2	129.20(10)
N3—Cu2—P2	118.40(3)	C51—N3—Cu2	115.10(10)
N4—Cu2—P2	115.50(3)	C56—N4—Cu2	126.00(10)
N3—Cu2—I2	114.00(3)	C52—N4—Cu2	112.80(10)
N4—Cu2—I2	109.30(3)	C7—P1—Cu1	115.00(5)
P2—Cu2—I2	114.84(11)	C13—P1—Cu1	115.30(4)
C23—N1—Cu1	114.80(9)	C1—P1—Cu1	116.40(4)

配合物 12			
原子及其对称等效位置	键长/nm	原子及其对称等效位置	键长/nm
Cu1—P1	0.21906(10)	Cu2—Cl2^i	0.23555(11)
Cu1—Cl1^i	0.24051(11)	Cu2—Cl1	0.24478(12)
Cu1—Cl1	0.24252(10)	Cu2—Cl2	0.25019(10)
Cu1—Cl2	0.24927(12)	Cl1—Cu1^i	0.24051(11)
Cu2—P2	0.21860(11)	Cl2—Cu2^i	0.23555(11)
原子及其对称等效位置	键角/(°)	原子及其对称等效位置	键角/(°)
P1—Cu1—Cl1^i	125.12(4)	Cu1—Cl2—Cu2	86.18(3)
P1—Cu1—Cl1	131.05(4)	Cl2^i—Cu2—Cl2	92.02(4)
Cl1^i—Cu1—Cl1	89.08(3)	Cl1—Cu2—Cl2	91.41(4)
P1—Cu1—Cl2	112.72(4)	Cu1^i—Cl1—Cu1	90.10(3)
Cl1^i—Cu1—Cl2	98.47(4)	Cu1^i—Cl1—Cu2	79.80(3)
Cl1—Cu1—Cl2	92.17(4)	Cu1—Cl1—Cu2	88.88(4)
P2—Cu2—Cl2^i	129.36(4)	Cu2^i—Cl2—Cu1	79.84(4)
P2—Cu2—Cl1	118.22(4)	Cu2^i—Cl2—Cu2	86.69(3)
Cl2^i—Cu2—Cl1	101.12(4)	C6—P1—Cu1	114.62(13)
P2—Cu2—Cl2	115.92(4)	C7—P1—Cu1	113.98(14)
C3—P2—Cu2	113.90(13)	C1—P2—Cu2	111.47(14)
C9—P2—Cu2	119.73(13)		

配合物 13			
原子及其对称等效位置	键长/nm	原子及其对称等效位置	键长/nm
Cu1—P1	0.21950(3)	Cu2—P2	0.21900(3)
Cu1—Br1	0.23550(2)	Cu2—Br2	0.24050(2)
Cu1—Br2	0.24370(3)	Cu2—Br2	0.24330(3)
Cu1—Br1	0.25060(3)	Cu2—Br1	0.24940(2)
原子及其对称等效位置	键角/(°)	原子及其对称等效位置	键角/(°)
P1—Cu1—Br1	129.13(10)	P2—Cu2—Br1	112.67(10)
P1—Cu1—Br2	118.25(10)	Br2—Cu2—Br1	98.22(8)
Br1—Cu1—Br2	101.25(8)	Br2—Cu2—Br1	91.99(8)
P1—Cu1—Br1	115.83(11)	Cu2—Br2—Cu2	90.26(8)
Br1—Cu1—Br1	92.12(8)	Cu2—Br2—Cu1	80.00(8)
Br2—Cu1—Br1	91.62(8)	Cu2—Br2—Cu1	88.98(8)
P2—Cu2—Br2	125.21(10)	Cu1—Br1—Cu2	79.80(8)
P2—Cu2—Br2	131.36(10)	Cu1—Br1—Cu1	86.54(8)
Br2—Cu2—Br2	88.98(8)	Cu2—Br1—Cu1	86.08(8)

配合物 14			
原子及其对称等效位置	键长/nm	原子及其对称等效位置	键长/nm
Cu1—P2	0.2319(2)	Cu1—P3	0.2336(2)
Cu1—P1	0.2341(3)	Cu1—Cl1	0.2339(3)
原子及其对称等效位置	键角/(°)	原子及其对称等效位置	键角/(°)
P2—Cu1—P1	112.64(5)	C19—P2—Cu1	113.42(14)
P2—Cu1—P3	117.47(7)	C25—P2—Cu1	113.92(15)
P1—Cu1—P3	115.82(8)	C31—P2—Cu1	118.84(14)
P2—Cu1—Cl1	104.68(6)	C37—P3—Cu1	122.31(14)
P1—Cu1—Cl1	102.96(5)	C43—P3—Cu1	112.57(16)
P3—Cu1—Cl1	100.49(6)	C43—P3—Cu1	112.57(16)
C13—P1—Cu1	115.28(15)	C49—P3—Cu1	112.75(15)
C1—P1—Cu1	115.75(16)	C37—P3—Cu1	122.31(14)
C7—P1—Cu1	117.14(15)		

注: 配合物 12 的对称代码为: (i) $-x, y, -z+1/2$。

B X 射线粉末衍射

在室温下, 对配合物 9、10、11、14 模拟的 XRPD 所得到的谱图与通过 X 射线粉末衍射仪测试得到的谱图进行比较, 如图 4-1 所示。

由图 4-1 可知, 测试峰值与模拟峰值基本吻合, 由此可以确定配合物 9、10、11、14 均为单一的纯品。

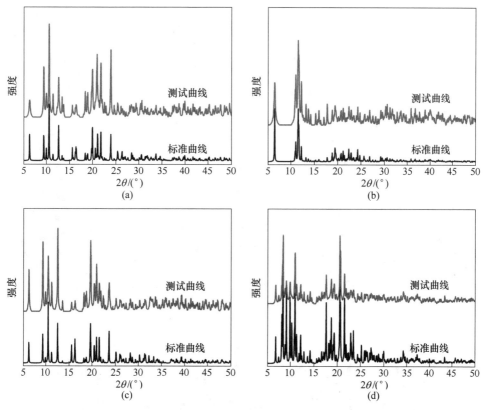

图 4-1 配合物 9~11、14 的 XRPD 分析谱图

（a）配合物 9；（b）配合物 10；（c）配合物 11；（d）配合物 14

4.2.2.3 配合物结构描述

A 配合物 Cu(TPP)(BPY)Br(9) 的晶体结构描述

配合物 9 中心的 Cu 处在由两个不同配体 TPP 和 BPY 与一个 Br 原子组成的扭曲四面体的四配位环境中，其中 BPY 配体的两个 N 原子均与 Cu 配位成键（图 4-2（a））。如图 4-2（b）所示，配合物单分子经 BPY 配体与 TPP 配体间的 C—H…π 相互作用和非典型氢键 C—H…X 作用，其连接为空间有序的 1D 结构。1D 结构再次通过 BPY 配体与 TPP 配体间的 C17—H17…π 相互作用连接形成空间有序的 2D 结构，其沿 a、b 轴的结构堆积图如图 4-2（c）所示。图 4-2（d）所示为旋转 2D 结构堆积图的视角，其再经两次 BPY 配体与 TPP 配体间的 C—H…π 相互作用（图 4-2（e）、（g）），最终形成空间有序的 3D 结构，其沿 b 轴的结构堆积图如图 4-2（f）、（h）所示。

B 配合物 Cu₂(TPP)₂(BPY)Cl₂(10) 的晶体结构描述

配合物 10 中心的 Cu 有两种配位环境，一是 Cu1 处在由一个 BPY 配体的两

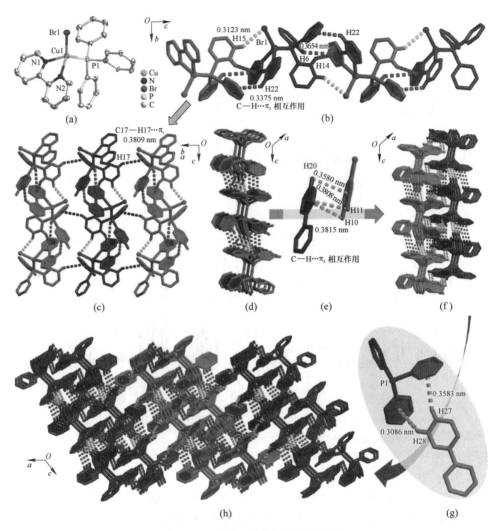

图 4-2　配合物 9 的空间结构展示图

（a）配合物 9 的配位环境图；

（b）通过相邻分子间非共价键作用
扩展连接的沿 a 轴的 1D 结构图；

（c）通过相邻链间非共价键作用
扩展连接的沿 a 轴或 b 轴的 2D 结构堆积图；

（d）沿 b 轴的单层 2D 结构图；

（e）不同层间相邻配体间的相互作用细节图；

（f）沿 b 轴的双层 2D 结构图；

（g）相邻分子中不同配体间的 C—H⋯π 相互作用细节图；

（h）沿 b 轴的由非共价键作用扩展连接的 3D 结构堆积图

图 4-2 彩图

个 N 原子、一个 TPP 配体的 P 原子和一个 Cl 原子组成的四配位结构环境中；Cu2 则处在由一个 TPP 配体的 P 原子和两个 Cl 原子组成的三配位结构环境中，Cl2 原子将 Cu1 与 Cu2 原子桥连在一起（图 4-3（a））。如图 4-3（b）所示，TPP 配体间的 C45—H45⋯π、C4—H4⋯π 等相互作用将单分子配合物连接起来，形成空间有序的 1D 结构。1D 结构再通过 TPP 配体间的 C23—H23⋯π 相互作用

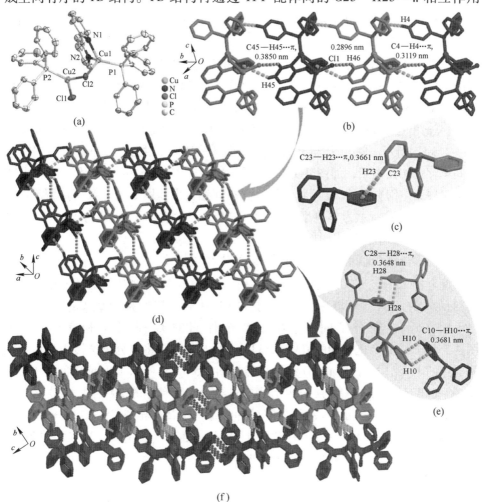

图 4-3　配合物 10 的空间结构展示图

（a）配合物 10 的配位环境图；
（b）通过相邻分子间非共价键作用扩展连接的 1D 结构图；
（c）不同链间相邻配体间的相互作用细节图；
（d）通过相邻链间非共价键作用扩展连接的 2D 结构堆积图；
（e）不同层间相邻配体间的相互作用细节图；
（f）沿 a 轴的由非共价键作用扩展连接的 3D 结构堆积图

图 4-3 彩图

（图 4-3 (c)) 连接成空间 2D 结构，其 2D 结构堆积图如图 4-3 (d) 所示。最后再通过 TPP 配体间的 C28—H28···π 和 C10—H10···π 相互作用（图 4-3 (e)），将 2D 结构连接成空间有序的 3D 结构，其沿 a 轴的结构堆积图如图 4-3 (f) 所示。

C　配合物 Cu(TPP)(BPY)I(11) 的晶体结构描述

配合物 11 中心的 Cu 处在由一个配体 TPP 的 P 原子、一个配体 BPY 的两个 N 原子和一个 I 原子组成的扭曲四面体的四配位环境中（图 4-4 (a)）。在分子间，存在 TPP 与 BPY 配体间的 C—H···π 相互作用，图 4-4 (b) 中 TPP 与 BPY 间的 C49—H49···π 和 C48—H48···π 相互作用，以及图 4-4 (c) 中 TPP 与 BPY 间的 C56—H56···π、C55—H55···π 和 C20—H20···π 相互作用，单分子经上述 C—H···π 相互作用后，会连接成空间有序的 1D 链状结构，其空间结构堆积图如图 4-4 (d) 所示。除 TPP 与 BPY 配体间的 C—H···π 相互作用外，相邻 TPP 配体间也存在相互作用，如图 4-4 (e) 所示的 C4—H4···π 相互作用，将空间 1D 结构延展为空间有序的 2D 网状结构，其空间结构堆积图如图 4-4 (f) 所示。最后，图 4-4 (g) 所示为非典型氢键 C50—H50···I2 将空间 2D 结构延展成 3D 结构，其沿 c 轴的结构堆积图如图 4-4 (h) 所示。

D　配合物 $Cu_4(TPP)_4Cl_4(12)$ 的晶体结构描述

配合物 12 中心的 Cu 处在由三个 Cl 原子和一个配体 TPP 的 P 原子组成的扭曲四面体的四配位环境中，Cu 原子和 Cl 原子交替连接形成 Cu_4Cl_4 中心簇（图 4-5 (a)）。在分子间，存在 TPP 配体间的 C—H···π 相互作用，如图 4-5 (b) 中 TPP 配体间的 C33—H33···π 相互作用，将单分子连接构建成为空间有序的 1D 结构。该空间 1D 结构再经如图 4-5 (c) 所示 TPP 配体间的 C32—H32···π 相互作用，使得 1D 结构延展构建成为空间有序的 2D 结构，2D 结构堆积图如图 4-5 (d) 所示。最后，经分子间 C25—H25···π 和 C8—H8···π 相互作用，以及非典型氢键 C11—H11···Cl1 的相互作用连接（图 4-5 (e)），能将 2D 结构进一步延展成为空间有序的 3D 结构，该有序的 3D 结构沿 a 轴的堆积图如图 4-5 (f) 所示。

配合物 $13Cu_4(TPP)_4Br_4$ 与配合物 12 的结构除卤素原子不同外，其他如配位方式、空间构型、分子间相互作用都高度一致。配合物 13 的配位环境图如图 4-6 所示。

E　配合物 $Cu(TPP)_3Cl(TPP)(14)$ 的晶体结构描述

配合物 14 中心的 Cu 处在一个由三个 TPP 配体的 P 原子及一个 Cl 原子组成的空间扭曲的四配位环境中，另有一分子游离 TPP 配体未参与成键（图 4-7 (a)）。

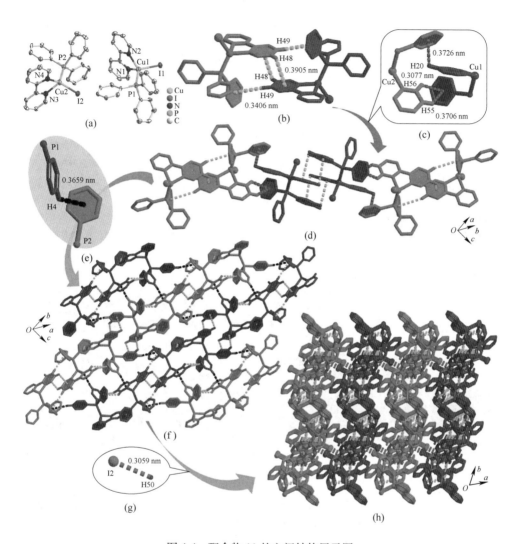

图 4-4　配合物 11 的空间结构展示图

（a）配合物 11 的配位环境图；（b）晶胞内分子间相互作用细节图；
（c）相邻配体间的相互作用细节图；（d）通过相邻分子间非共价键作用
扩展连接的 1D 结构图；（e）不同链间相邻配体间的相互作用细节图；
（f）通过相邻链间非共价键作用扩展连接的 2D 结构堆积图；
（g）相邻层间的相互作用细节图；（h）沿 c 轴的由非共价键
作用扩展连接的 3D 结构堆积图

图 4-4 彩图

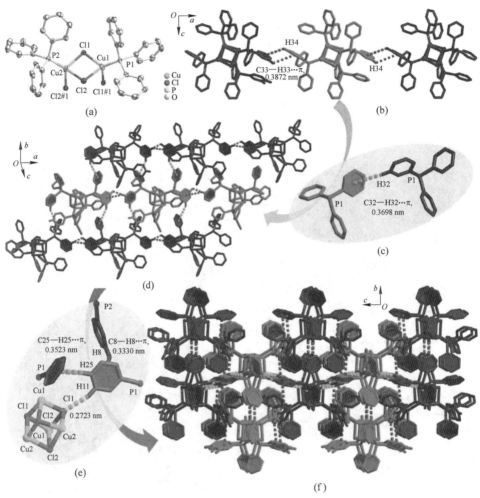

图 4-5　配合物 12 的空间结构展示图

（a）配合物 12 的配位环境图；（b）通过相邻分子间非共价键作用
扩展连接的 1D 结构图；（c）相邻配体间的相互作用细节图；
（d）通过相邻链间非共价键作用扩展连接的 2D 结构堆积图；
（e）相邻层间的相互作用细节图；（f）沿 a 轴的由非
共价键作用扩展连接的 3D 结构堆积图

图 4-5 彩图

　　配合物 14 同样存在 TPP 配体间的 C—H···π 相互作用，如图 4-7（b）所示
的 TPP 配体间的 C34—H34···π、C47—H47···π 和 C40—H40···π 相互作用。单分
子配合物经上述这些 TPP 配体间的 C—H···π 相互作用连接，构建成空间有序的
1D 结构（图 4-7（c））。空间 1D 结构经 TPP 配体间的 C33—H33···π 相互作用连
接（图 4-7（d）），构建出空间有序的 2D 结构（图 4-7（e））。最后，2D 结构再

经如图 4-7（f）所示的相邻 2D 层中 TPP 配体间的 C—H⋯π 相互作用连接，构建成为空间有序的 3D 结构，其沿 a 轴的结构堆积图如图 4-7（h）所示。

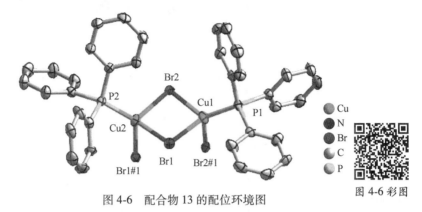

图 4-6　配合物 13 的配位环境图　　　　图 4-6 彩图

4.2.2.4　配合物热稳定性研究

为研究配合物的热稳定性，本书对配合物 9~14 进行了热失重分析测试，如图 4-8 所示。

如图 4-8（a）所示，配合物 9 在 20~200 ℃温度范围内缓慢失去晶体吸附的溶剂分子，失重约 2%；在 200~380 ℃温度范围内约有 57%的失重，可能是化合物中取代基受热分解所致；配合物分子金属骨架在 400 ℃开始完全分解。

如图 4-8（b）所示，配合物 10 在 20~180 ℃温度范围内缓慢失去晶体吸附的溶剂分子，失重约 4%；在 180~330 ℃温度范围内约有 52%的失重，可能是化合物中取代基受热分解所致；配合物分子金属骨架在 350 ℃开始完全分解。

如图 4-8（c）所示，配合物 11 在 20~250 ℃温度范围内缓慢失去晶体吸附的溶剂分子，失重约 4%；在 250~320 ℃温度范围内约有 28%的失重，可能是化合物中取代基受热分解所致；配合物分子金属骨架在 550 ℃开始完全分解。

如图 4-8（d）所示，配合物 12 在 20~190 ℃温度范围内缓慢失去晶体吸附的溶剂分子，失重约 2%；在 190~320 ℃温度范围内约有 65%的失重，可能是化合物中取代基受热分解所致；配合物分子金属骨架在 540 ℃开始完全分解。

如图 4-8（e）所示，配合物 13 在 20~190 ℃温度范围内缓慢失去晶体吸附的溶剂分子，失重约 2%；在 190~340 ℃温度范围内约有 53%的失重，可能是化合物中取代基受热分解所致；配合物分子金属骨架在 500 ℃开始完全分解。

如图 4-8（f）所示，配合物 14 在 20~200 ℃温度范围内缓慢失去晶胞中未成键配位的单分子配体，失重约 20%；450 ℃开始，配合物分子整体骨架迅速完全分解。

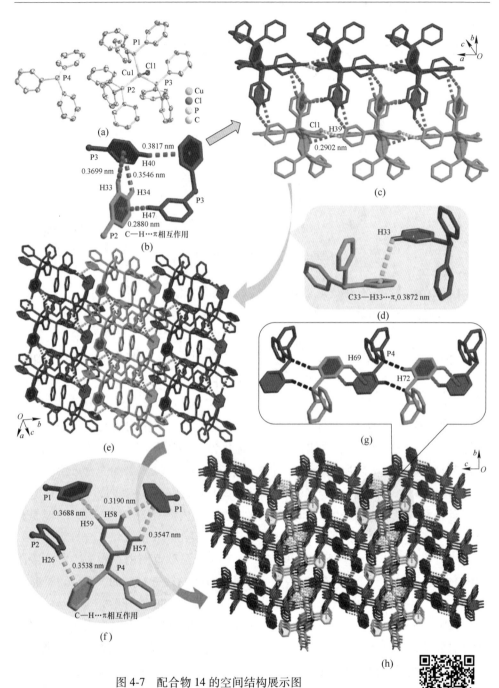

图 4-7　配合物 14 的空间结构展示图

（a）配合物 14 的配位环境图；（b）相邻配体间的相互作用细节图；（c）通过相邻分子间非共价键作用扩展连接的 1D 结构图；（d）不同链间相邻配体间的相互作用细节图；（e）通过相邻链间非共价键作用扩展连接的 2D 结构堆积图；（f）相邻层间的相互作用细节图；（g）相互作用局部示意图；（h）沿 a 轴的由非共价键作用扩展连接的 3D 结构堆积图

图 4-7 彩图

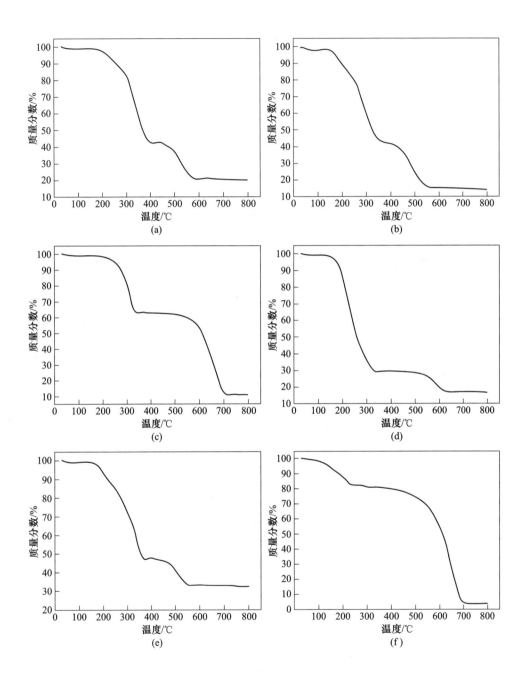

图 4-8 配合物的热失重分析曲线

（a）配合物 9；（b）配合物 10；（c）配合物 11；（d）配合物 12；（e）配合物 13；（f）配合物 14

4.2.3 配合物催化 C—N 键形成的研究

4.2.3.1 催化剂筛选及反应条件优化

本书以碘苯和邻硝基苯胺为 C—N 键交叉偶联反应的底物，以碱金属碳酸盐为碱，进行催化剂的筛选及反应条件的优化（表 4-5），具体是对所合成的催化剂进行筛选，同时对反应所用碱和溶剂的种类进行对比实验。首先，本书不以配合物为催化剂，进行了空白实验，在无任何催化剂的条件下，没有检测到目标产物（序号 1~2），在单独以 CuI 为催化剂的条件下，可以得到 20% 左右的目标产物（序号 3~5）。选用配合物 10 为催化剂时，本书对反应所用溶剂和碱进行实验对比，结果显示在以 DMF 为溶剂时，催化效果最好，目标产物产率可达 90%，而 K_2CO_3 作为碱的效果要好于 Cs_2CO_3（序号 6~11）。增加催化剂配合物 10 的投入量，对产物产率并没有较大影响（序号 12）。选取配合物 9、配合物 11 为催化剂，在以 DMF 为溶剂时二者的催化效果低于配合物 10（序号 13-19）。在选取配合物 12、配合物 13、配合物 14 为催化剂的条件下，以 DMF、甲苯为溶剂，对比以 CuI 为催化剂，目标产物产率仅提高 10%~20%（序号 20-25）。综上，催化这一类反应的最优条件是以 5%（摩尔分数）的配合物 10 为催化剂，以 10%（摩尔分数）的 K_2CO_3 为碱，起始原料为碘苯（0.5 mmol）和邻硝基苯胺（0.5 mmol），以 1.5 mL 的 DMF 为溶剂，于空气中、常压下反应 12 h，反应温度为 135 ℃。

表 4-5　催化剂筛选及反应条件优化

序号[①]	催化剂	碱	溶剂	产率[②]/%
1	—	K_2CO_3	甲苯	—
2	—	K_2CO_3	DMF	—
3	CuI	K_2CO_3	甲苯	23.1
4	CuI	K_2CO_3	DMF	20.5
5	CuI	K_2CO_3	CH_3CN	27.3
6	配合物 10	K_2CO_3	甲苯	30.2
7	配合物 10	K_2CO_3	DMF	90.0
8	配合物 10	K_2CO_3	CH_3CN	—

序号①	催化剂	碱	溶剂	产率②/%
9	配合物 10	K_2CO_3	DMSO	25.2
10	配合物 10	Cs_2CO_3	甲苯	31.8
11	配合物 10	Cs_2CO_3	DMF	72.6
12	配合物 10③	K_2CO_3	DMF	90.2
13	配合物 9	K_2CO_3	甲苯	28.2
14	配合物 9	K_2CO_3	DMF	78.6
15	配合物 9	K_2CO_3	CH_3CN	—
16	配合物 9	K_2CO_3	DMSO	1.5
17	配合物 11	K_2CO_3	DMF	80.3
18	配合物 11	K_2CO_3	CH_3CN	—
19	配合物 11	K_2CO_3	DMSO	8.6
20	配合物 12	K_2CO_3	DMF	31.6
21	配合物 12	K_2CO_3	甲苯	14.2
22	配合物 13	K_2CO_3	DMF	29.2
23	配合物 13	K_2CO_3	甲苯	25.3
24	配合物 14	K_2CO_3	DMF	39.8
25	配合物 14	K_2CO_3	甲苯	19.5

① 反应条件是原料投料量各为 0.5 mmol，碱用量为原料总投料量的 10%（摩尔分数），催化剂用量为原料总投料量的 5%（摩尔分数），反应所用溶剂为 1.5 mL，反应温度为 60~140 ℃，反应在空气中、常压下进行 12 h。

② 产物定性定量采用柱层析技术、LC-MS 和 ^1H NMR。

③ 增加催化剂用量至原料总投料量的 10%（摩尔分数）。

4.2.3.2 底物普适性研究（构效关系）

通过实验得到最优反应条件后，本书对基于 TPP 构筑的配合物 10 进行了碘苯或溴苯与苯胺衍生物的 C—N 键交叉偶联反应普适性研究，结果见表 4-6。实验结果表明，无论苯胺衍生物的苯环上带有吸电子取代基（—NO_2）还是供电子取代基（—NH_2、—OH、—OCH_3、—CH_3）时，对反应活性都没有较大影响（序号 1~18）；同时，通过对比目标产物产率发现，相比于芳基碘化物，芳基溴化物的反应活性较低。

表 4-6   底物拓展实验

序号	卤代芳烃	苯胺	产物	产率/%
1	4-1a	4-2a	4-3a	90.0
2	4-1b			84.4
3	4-1a	4-2b	4-3b	89.5
4	4-1b			83.8
5	4-1a	4-2c	4-3c	88.3
6	4-1b			87.1
7	4-1a	4-2d	4-3d	91.3
8	4-1b			89.2
9	4-1a	4-2e	4-3e	90.7
10	4-1b			91.3

序号	卤代芳烃	苯胺	产物	产率/%
11	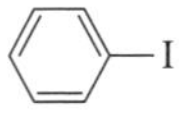 4-1a	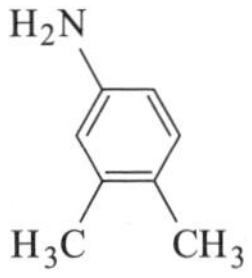 4-2f	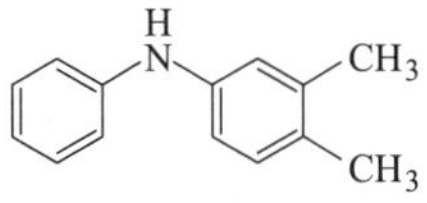 4-3f	90.6
12	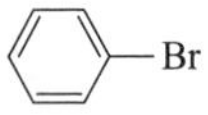 4-1b			88.4
13	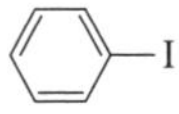 4-1a	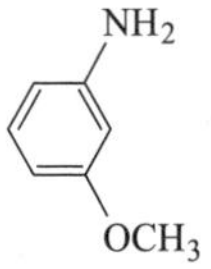 4-2g	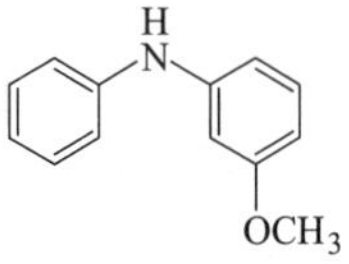 4-3g	86.8
14	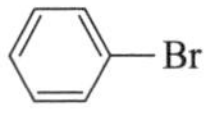 4-1b			84.9
15	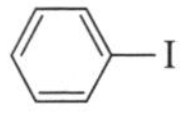 4-1a	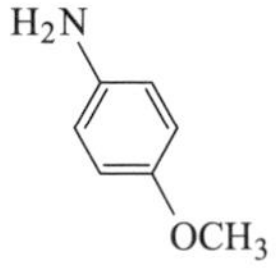 4-2h	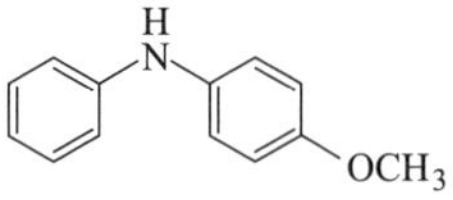 4-3h	88.6
16	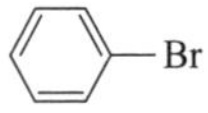 4-1b			82.9
17	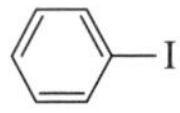 4-1a	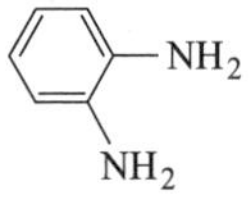 4-2i	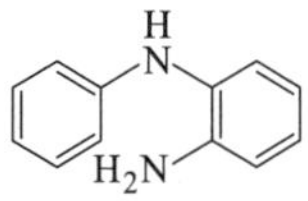 4-3i	87.5
18	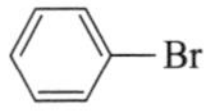 4-1b			86.6

注：反应条件为以 0.5 mmol 卤代芳烃和 0.5 mmol 苯胺为原料，加入 0.1 mmol K_2CO_3，0.05 mmol 配合物 10，1.5 mL DMF，于空气中、常压下、135 ℃反应 12 h。

作者还以配合物 10 为催化剂进行了其他底物的 C—C 键和 C—P 键交叉偶联反应催化实验，但其目标产物产率低于采用其他类型催化剂时的产率，由于篇幅关系，在此不予赘述。

4.2.3.3 催化剂重复使用次数考量

本章选取配合物 10 进行重复性催化实验，每次重复实验所加入底物、碱、溶剂保持相同，温度及反应时间保持一致。催化反应结束后，使用有机膜（ϕ50 mm，0.45 μm）过滤出固态催化剂，交替使用少量去离子水和乙醇对滤饼进行清洗，所得干净固态回收催化剂经恒温 80 ℃烘干，再进行下一次重复性催化实验。

通过重复性催化实验得到如图 4-9 所示的结果，配合物 10 在催化底物碘苯和邻硝基苯胺的反应中，前 5 次催化得到的产物产率在 85%以上，第 10 次使用后仍可以使产物产率保持在 61%。

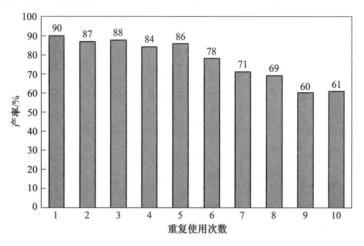

图 4-9　配合物 10 的重复性催化实验

4.2.3.4　催化反应机理的讨论

由以上的实验结果，提出配合物 10（见图 4-10 中的 **A**）催化苯胺衍生物与卤代芳烃可能的反应机理（图 4-10）。

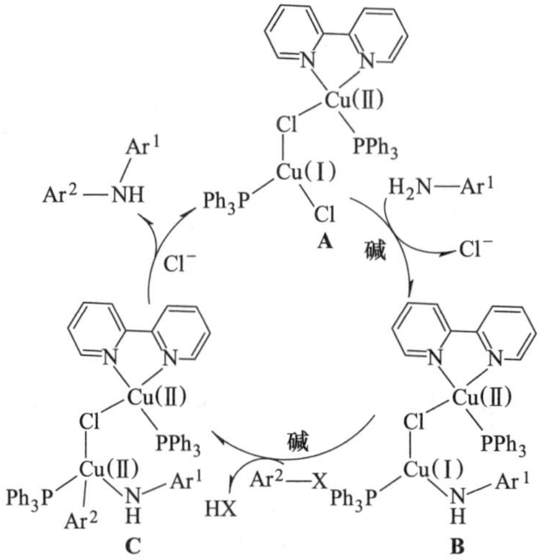

图 4-10　可能的反应机理

碱性条件下，失去一个 H^+ 的苯胺负离子作为亲核基团代替催化剂中的 Cl^- 进行交换配位（见图 4-10 中的 **B**），此过程中 Cu（Ⅰ）没有价态变化，仍为三配位 Cu（Ⅰ），配合物 B 在配体三苯基膦的作用下具备一定稳定性，从而利于下一步反应的进行。然后，经碱的缚酸作用，卤代芳烃脱去 X^- 后，形成缺电子芳基正离子，进而与失去一个电子的 Cu（Ⅰ）形成 Cu（Ⅱ）—Ar 共价键，原 Cu（Ⅰ）转变为四配位 Cu（Ⅱ），此过渡态并不稳定（见图 4-10 中的 C），在短时间内发生还原消除反应得到目标产物，同时催化剂恢复为原始结构。由该机理可以印证本章前文提到的配合物 10 的催化活性要好于配合物 9 和 11，可能是在配合物 10 中存在稳定的 Cu（Ⅰ）活性中心所导致。

4.2.3.5　产物结构表征

A　2-nitro-*N*-phenylaniline（见表 4-6 中的 4-3a）

（1）^{1}H NMR（400 MHz，CDCl$_3$）：$\delta = 9.52 \times 10^{-6}$（s，1H，—NH），$\delta = 8.23 \times 10^{-6}$（dd，$J = 8.0$ Hz，1H，—Ph），$\delta = 7.35 \times 10^{-6}$（m，7H，—Ph），$\delta = 6.80 \times 10^{-6}$（t，$J = 8.0$ Hz，1H，—Ph）。

（2）MS（ESI）：$m/z = 214.0$。

（3）Elem. Anal.：计算的 4-3a C$_{12}$H$_{10}$N$_2$O$_2$ 的化学组成为 67.27%C，4.71%H，13.08%N，14.94%O；实测的化学组成为 67.30%C，4.69%H，13.11%N。

B　4-nitro-*N*-phenylaniline（见表 4-6 中的 4-3b）

（1）^{1}H NMR（400 MHz，CDCl$_3$）：$\delta = 8.14 \times 10^{-6}$（m，2H，—Ph），$\delta = 7.42 \times 10^{-6}$（m，2H，—Ph），$\delta = 7.23 \times 10^{-6}$（m，3H，—Ph），$\delta = 6.97 \times 10^{-6}$（m，2H，—Ph）。

（2）MS（ESI）：$m/z = 214.0$。

（3）Elem. Anal.：计算的 4-3b C$_{12}$H$_{10}$N$_2$O$_2$ 的化学组成为 67.27%C，4.71%H，13.08%N，14.94%O；实测的化学组成为 67.25%C，4.78%H，13.15%N。

C　3-（phenylamino）-phenol（见表 4-6 中的 4-3c）

（1）^{1}H NMR（400 MHz，DMSO-d$_6$）：$\delta = 9.20 \times 10^{-6}$（s，1H，—OH），$\delta = 8.05 \times 10^{-6}$（s，1H，—NH），$\delta = 7.22 \times 10^{-6}$（t，$J = 8.0$ Hz，2H，—Ph），$\delta = 7.02 \times 10^{-6}$（m，3H，—Ph），$\delta = 6.81 \times 10^{-6}$（t，$J = 8.0$ Hz，1H，—Ph），$\delta = 6.51 \times 10^{-6}$（dt，$J = 8.0$ Hz，2H，—Ph），$\delta = 6.24 \times 10^{-6}$（dd，$J = 8.0$ Hz，1H，—Ph）。

（2）MS(ESI)：$m/z = 185.1$。

（3）Elem. Anal.：计算的 4-3c $C_{12}H_{11}NO$ 的化学组成为 77.81%C，5.99%H，7.56%N，8.64%O；实测的化学组成为 77.84%C，5.92%H，7.60%N。

D 4-(phenylamino)-phenol（见表 4-6 中的 4-3d）

（1）^{1}H NMR(400 MHz，DMSO-d_6)：$\delta = 9.03 \times 10^{-6}$(s，1H，—OH)，$\delta = 7.67 \times 10^{-6}$(s，1H，—NH)，$\delta = 7.13 \times 10^{-6}$(t，$J = 8.0$ Hz，2H，—Ph)，$\delta = 6.90 \times 10^{-6}$(dd，$J = 8.0$ Hz，4H，—Ph)，$\delta = 6.68 \times 10^{-6}$(m，3H，—Ph)。

（2）MS(ESI)：$m/z = 185.1$。

（3）Elem. Anal.：计算的 4-3d $C_{12}H_{11}NO$ 的化学组成为 77.81%C，5.99%H，7.56%N，8.64%O；实测的化学组成为 77.82%C，6.04%H，7.59N。

E 4-methyl-N-phenylaniline（见表 4-6 中的 4-3e）

（1）^{1}H NMR(400 MHz，CDCl$_3$)：$\delta = 7.29 \times 10^{-6}$(m，2H，—Ph)，$\delta = 7.09 \times 10^{-6}$(m，6H，—Ph)，$\delta = 6.95 \times 10^{-6}$(t，$J = 8.0$ Hz，1H，—Ph)，$\delta = 2.37 \times 10^{-6}$(s，3H，—CH$_3$)。

（2）MS(ESI)：$m/z = 183.1$。

（3）Elem. Anal.：计算的 4-3e $C_{13}H_{13}N$ 的化学组成为 85.21%C，7.15%H，7.64%N；实测的化学组成为 85.25%C，7.11%H，7.67%N。

F 3,4-dimethyl-N-phenylaniline（见表 4-6 中的 4-3f）

（1）^{1}H NMR(400 MHz，CDCl$_3$)：$\delta = 7.29 \times 10^{-6}$(dd，$J = 8.0$ Hz，2H，—Ph)，$\delta = 7.09 \times 10^{-6}$(t，$J = 8.0$ Hz，3H，—Ph)，$\delta = 6.94 \times 10^{-6}$(m，3H，—Ph)，$\delta = 2.28 \times 10^{-6}$(s，6H，—CH$_3$)。

（2）MS(ESI)：$m/z = 197.1$。

（3）Elem. Anal.：计算的 4-3f $C_{14}H_{15}N$ 的化学组成为 85.24%C，7.66%H，7.10%N；实测的化学组成为 85.31%C，7.60%H，7.14%N。

G 3-methoxy-N-phenylaniline（见表 4-6 中的 4-3g）

（1）^{1}H NMR（400 MHz，DMSO-d$_6$）：$\delta = 8.17 \times 10^{-6}$（s，1H，—NH），$\delta = 7.24 \times 10^{-6}$（t，$J = 8.0$ Hz，2H，—Ph），$\delta = 7.11 \times 10^{-6}$（m，3H，—Ph），$\delta = 6.83 \times 10^{-6}$（t，$J = 8.0$ Hz，1H，—Ph），$\delta = 6.64 \times 10^{-6}$（m，2H，—Ph），$\delta = 6.40 \times 10^{-6}$（dd，$J = 8.0$ Hz，4.0 Hz，1H，—Ph），$\delta = 3.71 \times 10^{-6}$（s，3H，—CH$_3$）。

（2）MS（ESI）：$m/z = 199.1$。

（3）Elem. Anal.：计算的 4-3g C$_{13}$H$_{13}$NO 的化学组成为 78.36%C，6.58%H，7.03%N，8.03%O；实测的化学组成为 78.41%C，6.55%H，7.08%N。

H 4-methoxy-N-phenylaniline（见表 4-6 中的 4-3h）

（1）^{1}H NMR（400 MHz，CDCl$_3$）：$\delta = 7.27 \times 10^{-6}$（dd，$J = 8.0$ Hz，2H，—Ph），$\delta = 7.13 \times 10^{-6}$（d，$J = 4.0$ Hz，2H，—Ph），$\delta = 6.93 \times 10^{-6}$（m，5H，—Ph），$\delta = 3.84 \times 10^{-6}$（s，3H，—CH$_3$）。

（2）MS（ESI）：$m/z = 199.1$。

（3）Elem. Anal.：计算的 4-3h C$_{13}$H$_{13}$NO 的化学组成为 78.36%C，6.58%H，7.03%N，8.03%O；实测的化学组成为 78.38%C，6.57%H，7.04%N。

I N^1-phenylbenzene-1,2-diamine（见表 4-6 中的 4-3i）

（1）^{1}H NMR（400 MHz，DMSO-d$_6$）：$\delta = 7.12 \times 10^{-6}$（m，3H，—Ph），$\delta = 7.00 \times 10^{-6}$（dd，$J = 8.0$ Hz，4.0 Hz，1H，—Ph），$\delta = 6.84 \times 10^{-6}$（td，$J = 8.0$ Hz，4.0 Hz，1H，—Ph），$\delta = 6.73 \times 10^{-6}$（m，3H，—Ph），$\delta = 6.66 \times 10^{-6}$（t，$J = 8.0$ Hz，1H，—Ph），$\delta = 6.55 \times 10^{-6}$（td，$J = 8.0$ Hz，4.0 Hz，1H，—Ph），$\delta = 4.74 \times 10^{-6}$（s，2H，—NH$_2$）。

（2）MS（ESI）：$m/z = 184.0$。

（3）Elem. Anal.：计算的 4-3i C$_{12}$H$_{12}$N$_2$ 的化学组成为 78.22%C，6.57%H，15.21%N；实测的化学组成为 78.26%C，6.60%H，15.22%N。

4.2.4　反应的绿色化程度

4.2.4.1　原子利用率

在应用传统催化剂（CuI/CuBr）的条件下，由于催化选择性差，会使得卤代芳烃发生自偶联反应，本节以碘苯和邻硝基苯胺反应为例，通过反应式展示各物质的摩尔分数，并计算原子利用率。计算公式如下：

$$原子利用率 = \frac{214}{3 \times 204 + 138} \times 100\% = 28.5\%$$

在应用新型催化剂（配合物 10）的条件下，催化反应的选择性高，以底物碘苯和邻硝基苯胺的反应为例，通过反应式展示各物质的摩尔分数，并计算原子利用率。计算公式如下：

$$原子利用率 = \frac{214}{204 + 138} \times 100\% = 62.6\%$$

本节通过上述方法计算得到不同底物间 C—N 交叉偶联反应的原子利用率，数据汇总见表 4-7。结果显示：使用新型催化剂后，原子利用率显著提升，说明催化剂使得反应的目标产物选择性显著提高，从而能够有效降低副产物的生成，减少大量废物的产生，反应的绿色化程度更高。

表 4-7　原子利用率汇总表

序号	卤代芳烃摩尔质量 /g · mol⁻¹	苯胺衍生物摩尔质量 /g · mol⁻¹	催化剂	产物摩尔质量 /g · mol⁻¹	原子利用率 /%
1	204(4-1a)	138(4-2a)	配合物 10	214(4-3a)	62.6
2	612(4-1a)		传统催化剂		28.5
3	157(4-1b)	138(4-2a)	配合物 10	214(4-3a)	72.5
4	471(4-1b)		传统催化剂		35.1
5	204(4-1a)	138(4-2b)	配合物 10	214(4-3b)	62.6
6	612(4-1a)		传统催化剂		28.5
7	157(4-1b)	138(4-2b)	配合物 10	214(4-3b)	72.5
8	471(4-1b)		传统催化剂		35.1

序号	卤代芳烃摩尔质量 /g·mol^{-1}	苯胺衍生物摩尔质量 /g·mol^{-1}	催化剂	产物摩尔质量 /g·mol^{-1}	原子利用率 /%
9	204(4-1a)	109(4-2c)	配合物 10	185(4-3c)	59.1
10	612(4-1a)		传统催化剂		25.7
11	157(4-1b)	109(4-2c)	配合物 10	185(4-3c)	69.5
12	471(4-1b)		传统催化剂		31.9
13	204(4-1a)	109(4-2d)	配合物 10	185(4-3d)	59.1
14	612(4-1a)		传统催化剂		25.7
15	157(4-1b)	109(4-2d)	配合物 10	185(4-3d)	69.5
16	471(4-1b)		传统催化剂		31.9
17	204(4-1a)	107(4-2e)	配合物 10	183(4-3e)	58.8
18	612(4-1a)		传统催化剂		25.5
19	157(4-1b)	107(4-2e)	配合物 10	183(4-3e)	69.3
20	471(4-1b)		传统催化剂		31.7
21	204(4-1a)	121(4-2f)	配合物 10	197(4-3f)	60.6
22	612(4-1a)		传统催化剂		26.9
23	157(4-1b)	121(4-2f)	配合物 10	197(4-3f)	70.9
24	471(4-1b)		传统催化剂		33.3
25	204(4-1a)	123(4-2g)	配合物 10	199(4-3g)	60.9
26	612(4-1a)		传统催化剂		27.1
27	157(4-1b)	123(4-2g)	配合物 10	199(4-3g)	71.1
28	471(4-1b)		传统催化剂		33.5
29	204(4-1a)	123(4-2h)	配合物 10	199(4-3h)	60.9
30	612(4-1a)		传统催化剂		27.1
31	157(4-1b)	123(4-2h)	配合物 10	199(4-3h)	71.1
32	471(4-1b)		传统催化剂		33.5
33	204(4-1a)	108(4-2i)	配合物 10	184(4-3i)	58.9
34	612(4-1a)		传统催化剂		25.6
35	157(4-1b)	108(4-2i)	配合物 10	184(4-3i)	69.4
36	471(4-1b)		传统催化剂		31.8

4.2.4.2 E-因子

本章以新型催化剂配合物 10 和传统催化剂（CuI/CuBr）为例，在应用新型催化剂的条件下，各反应产物产率以本章催化实验为准，在应用传统催化剂的条件下，各反应产物产率以本章催化实验平均值的 25% 进行计算，其中传统催化剂无回收利用，质量计入废物质量。如 2.2.4.2 节所述，在计算 E-因子时对于溶剂和碱的影响忽略不计。

各个反应的 E-因子见表 4-8，在应用新型催化剂的条件下，E-因子降低显著，已达到大宗化学品行业的 E-因子数值范围，说明采用新型催化剂可以在实际生产中大大减少废弃物的排放，有效降低对资源的浪费和对环境的污染，对提高反应的绿色化程度起到关键作用。

表 4-8　E-因子汇总表

序号	卤代芳烃质量 /g	苯胺衍生物质量 /g	催化剂质量 /g	废物质量 /g	目标产物质量 /g	E-因子
1	0.102(4-1a)	0.069(4-2a)	0.0086(新)	0.0747	0.0963(4-3a)	0.8
2	0.306(4-1a)		0.019(老)	0.367	0.0268(4-3a)	14
3	0.079(4-1b)	0.069(4-2a)	0.0074(新)	0.0577	0.0903(4-3a)	0.6
4	0.240(4-1b)		0.015(老)	0.297	0.0268(4-3a)	11
5	0.102(4-1a)	0.069(4-2b)	0.0086(新)	0.7520	0.0958(4-3b)	0.8
6	0.306(4-1a)		0.019(老)	0.367	0.0268(4-3b)	14
7	0.079(4-1b)	0.069(4-2b)	0.0074(新)	0.0583	0.0897(4-3b)	0.6
8	0.240(4-1b)		0.015(老)	0.297	0.0268(4-3b)	11
9	0.102(4-1a)	0.055(4-2c)	0.0079(新)	0.0753	0.0817(4-3c)	0.9
10	0.306(4-1a)		0.018(老)	0.356	0.0231(4-3c)	15
11	0.079(4-1b)	0.055(4-2c)	0.0067(新)	0.0534	0.0806(4-3c)	0.7
12	0.240(4-1b)		0.015(老)	0.287	0.0231(4-3c)	13
13	0.102(4-1a)	0.055(4-2d)	0.0079(新)	0.0725	0.0845(4-3d)	0.9
14	0.306(4-1a)		0.018(老)	0.356	0.0231(4-3d)	16
15	0.079(4-1b)	0.055(4-2d)	0.0067(新)	0.0515	0.0825(4-3d)	0.6
16	0.240(4-1b)		0.015(老)	0.287	0.0231(4-3d)	13
17	0.102(4-1a)	0.054(4-2e)	0.0078(新)	0.0730	0.0830(4-3e)	0.9
18	0.306(4-1a)		0.018(老)	0.355	0.0229(4-3e)	16
19	0.079(4-1b)	0.054(4-2e)	0.0067(新)	0.0495	0.0835(4-3e)	0.6
20	0.240(4-1b)		0.015(老)	0.286	0.0229(4-3e)	13
21	0.102(4-1a)	0.061(4-2f)	0.0082(新)	0.0738	0.0892(4-3f)	0.8
22	0.306(4-1a)		0.018(老)	0.360	0.0246(4-3f)	15
23	0.079(4-1b)	0.061(4-2f)	0.0070(新)	0.0529	0.0871(4-3f)	0.6
24	0.240(4-1b)		0.015(老)	0.291	0.0246(4-3f)	12

序号	卤代芳烃质量/g	苯胺衍生物质量/g	催化剂质量/g	废物质量/g	目标产物质量/g	E-因子
25	0.102(4-1a)	0.062(4-2g)	0.0082(新)	0.0776	0.0864(4-3g)	0.9
26	0.306(4-1a)		0.018(老)	0.361	0.0249(4-3g)	15
27	0.079(4-1b)	0.062(4-2g)	0.0071(新)	0.0565	0.0845(4-3g)	0.7
28	0.240(4-1b)		0.015(老)	0.292	0.0249(4-3g)	12
29	0.102(4-1a)	0.062(4-2h)	0.0082(新)	0.0758	0.0882(4-3h)	0.9
30	0.306(4-1a)		0.018(老)	0.361	0.0249(4-3h)	15
31	0.079(4-1b)	0.062(4-2h)	0.0071(新)	0.0585	0.0825(4-3h)	0.7
32	0.240(4-1b)		0.015(老)	0.292	0.0249(4-3h)	12
33	0.102(4-1a)	0.054(4-2i)	0.0078(新)	0.0755	0.0805(4-3i)	0.9
34	0.306(4-1a)		0.018(老)	0.355	0.0230(4-3i)	16
35	0.079(4-1b)	0.054(4-2i)	0.0067(新)	0.0533	0.0797(4-3i)	0.7
36	0.240(4-1b)		0.015(老)	0.286	0.0230(4-3i)	13

4.3 本章小结

（1）本章基于配体 BPY 和配体 TPP，通过溶剂热法得到 Cu（Ⅰ/Ⅱ）L_x 配合物 9~14，并通过 X 射线单晶结构分析予以结构确证，并给出了空间堆积图。结果显示：配合物 9~14 均为空间单分子结构，本书通过分子间存在着的 C—H⋯π 相互作用、非典型氢键 C—H⋯X 和典型氢键 N—H⋯X 这三类较弱的作用力，对配合物空间有序结构进行了详细描述。通过晶体结构分析发现，混合配体与 Cu 构建的配合物呈现新颖的空间结构，配合物 10 中因存在稳定的三配位的 Cu（Ⅰ）而具有更好的催化活性，配合物 9 和 11 的空间构型在理论上也可以为催化反应提供活性中心，配合物 12 和 13 由于四配位 Cu（Ⅱ）结构而影响了催化活性。

（2）本章采用配合物 9~14 分别作为催化剂进行了一些底物的交叉偶联反应实验。结果显示：配合物 9~11 可以更好地对苯胺衍生物与卤代芳烃化合物的 C—N 交叉偶联反应进行催化，部分目标产物产率可达 90% 以上，且催化反应条件温和，可于空气中、常压下、135 ℃反应 12 h 完成；在筛选催化剂配合物 12~14 时其所显示的催化活性与其空间结构相吻合，对比以 CuI 为催化剂的条件下，目标产物产率仅提高 10%~20%。配合物 10 则展示了良好的底物适应性，对一些含取代基的底物进行催化可得到较高的产率，无论苯胺衍生物的苯环上带有吸电子取代基还是供电子取代基，对反应活性都没有较大影响。在催化剂重复性使用方面，配合物 10 在前 5 次的使用中，对催化底物碘苯与邻硝基苯胺的反应得到的目标产物产率达 84%~90%，经 10 次使用后仍可保持在 60%以上。

（3）以新型催化剂配合物 10 和传统催化剂（CuI/CuBr）为例，计算各个催化反应的原子利用率和 E-因子，作为反应的绿色化评价指标。结果显示：相对于传统催化剂，各反应的原子利用率平均提高 119%，目标产物产率高，反应后处理难度小。计算 E-因子显示，各反应的 E-因子数值降低明显，数值低至 0.6，平均降低 94.5%，说明反应的绿色化程度高，废物排放量低，对环境影响小。

5 交叉偶联中试反应数值模拟及绿色化评价

5.1 引　言

本章以碘苯和苯乙炔反应为例，首先通过 COMSOL 软件建立微通道反应器模型，分别以传统催化剂和新型催化剂进行催化反应的仿真模拟，得到反应流速、压力、转化率及反应速率等模拟数值。再通过对比应用不同催化剂条件下的模拟数值，进行反应的绿色化评价，阐述说明新型催化剂对减少环境污染的重要作用。本章通过对特征反应实例的模拟，更好地为相似反应的放大生产提供理论支撑，为进一步的应用研究建立良好基础。

5.1.1　COMSOL 软件介绍

COMSOL 是一款大型的高级数值仿真软件。广泛应用于各个领域的科学研究以及工程计算，模拟各种物理过程。COMSOL 软件以有限元法为基础，通过求解偏微分方程（单场）或偏微分方程组（多场）来实现真实物理现象的仿真，用数学方法求解真实世界的物理现象。

发展至今，COMSOL 软件当前有一个基本模块和八个专业模块：化学工程模块、地球科学模块、热传递模块、射频模块、结构力学模块、微机电模块、AC/DC 模块、声学模块，以及反应工程实验室、信号与系统实验室、最优化实验室、CAD 导入模块和二次开发模块。

5.1.2　微通道反应器介绍

微通道反应器具有比表面积大、传递速率高、接触时间短、副产物少、转化率高、操作性好、安全性高、快速直接放大等优点，它能够实现反应的各条件（反应物、产物、催化剂、副产物、介质）的微量化，对温度、压力等反应条件可进行更精确的调控。相比于传统的批量反应（间歇反应），通过微通道反应器进行的反应在反应放大和优化的过程中，具有更高的反应效率、更高的重现性和稳定性，使得工艺过程更加环保、节能。

通过微通道反应器实现的化学反应类型很多，目前已成功的反应类型有：硝化反应、催化氢化反应、低温反应、加成反应、氧化反应、溴化和氯化反应、氟化反应、环合反应以及重氮化反应等。

2007 年，Nikbin 等[199]报道了微通道反应器应用于 Heck 反应，反应物卤代芳烃与烯烃衍生物在 PA 纳米颗粒的催化下，以连续流动模式在自动化反应器内进行 C—C 交叉偶联反应。相比于釜式反应器，该体系活性非常高，保证了反应物的精确配比，可以确保许多卤代芳烃仅需单程就可以实现转化，且反应加热过程安全，产物纯度较高，反应过程损耗低，副产物少，环境影响小。

5.2　实　验　部　分

5.2.1　化学药品和试剂

实验所用化学药品和试剂见表 5-1。

表 5-1　实验所用化学药品和试剂

名称	纯级	生产厂家
苯乙炔	分析纯	上海阿拉丁生化科技股份有限公司
碘苯	分析纯	上海阿拉丁生化科技股份有限公司
碘化亚铜（CuI）	分析纯	上海阿拉丁生化科技股份有限公司
甲苯（toluene）	分析纯	国药集团化学试剂有限公司

5.2.2　COMSOL 仿真模型设计与数值模拟

5.2.2.1　控制方程

A　动量守恒方程

碘苯、苯乙炔和甲苯的混合物可以看成不可压缩的牛顿型流体，因此，可使用不可压缩 Navier-Stokes 方程来描述通道中流体的流动状态，计算公式如下：

$$- \nabla \cdot \eta (\nabla \cdot \boldsymbol{u} + (\nabla \cdot \boldsymbol{u})^{\mathrm{T}}) + \rho (\boldsymbol{u} \cdot \nabla) \boldsymbol{u} + \nabla p = 0 \tag{5-1}$$

$$\nabla \cdot \boldsymbol{u} = 0 \tag{5-2}$$

式中，η 为动力黏度，Pa·s；$\boldsymbol{u}$ 为速度矢量，m/s；ρ 为流体的密度，kg/m³；p 为压力，Pa。

B　传质守恒方程

碘苯、苯乙炔和甲苯的混合物中，各组分的传质通量为：

$$N_i = - D_i \cdot \nabla \cdot c_i + \boldsymbol{u} c_i \tag{5-3}$$

式中，N_i 为组分 i 的传质通量，mol/(m²·s)；D_i 为组分 i 的扩散系数，m/s；c_i 为组分 i 的浓度，mol/m³。

组分 i 的质量守恒方程为：

$$\frac{\partial c_i}{\partial t} + \nabla \cdot \boldsymbol{N}_i = R_i \tag{5-4}$$

由式 (5-3) 和式 (5-4) 可得:

$$\frac{\partial c_i}{\partial t} + \boldsymbol{u} \cdot \nabla \cdot c_i = D_i \cdot \nabla^2 \cdot c_i + R_i \tag{5-5}$$

式中, R_i 为各组分的反应速率, R_i 的计算公式如下:

$$R_A = -Kc_A c_B; R_B = -Kc_A c_B; R_P = Kc_A c_B \tag{5-6}$$

式中, R_A 为组分 A 的反应速率, $mol/(m^3 \cdot s)$; K 为反应速率常数, $m^3/(mol \cdot s)$; c_A 为组分 A 的浓度, mol/m^3; c_B 为组分 B 的浓度, mol/m^3; R_B 为组分 B 的反应速率, $mol/(m^3 \cdot s)$; R_P 为总反应速率, $mol/(m^3 \cdot s)$。

5.2.2.2 边界条件

A 动量守恒方程的边界条件

(1) 进口边界。进口边界设定进口流速。

$$U = u_0 \tag{5-7}$$

式中, U 为法向速度分量, m/s; u_0 为进口初始流速, m/s。

(2) 完全发展的出口边界。出口设定标准大气压。

$$p = 0 \tag{5-8}$$

式中, p 为压强, Pa。

(3) 无滑动壁面边界。壁面设定无滑移边界。

$$U = u_0 \tag{5-9}$$

B 传质守恒方程的边界条件

(1) 进口边界。进口设置反应物的浓度 $c_i(mol/m^3)$, 反应物的初始浓度 $c_{i0}(mol/m^3)$。

$$c_i = c_{i0} \tag{5-10}$$

(2) 出口边界。对流控制出口, 扩散通量为 0, 即:

$$-\boldsymbol{n} \cdot (-D_i \cdot \nabla \cdot c_i) = 0 \tag{5-11}$$

式中, $\boldsymbol{n}$ 为质量通量, $kg/(m^2 \cdot s)$。

(3) 壁面边界。法向传质通量为 0。

$$-\boldsymbol{n} \cdot \boldsymbol{N}_i = -\boldsymbol{n} \cdot (-D_i \cdot \nabla \cdot c_i + \boldsymbol{u}c_i) = 0 \tag{5-12}$$

(4) 催化层边界。反应物在催化层内发生反应。

$$-\boldsymbol{n} \cdot \boldsymbol{N}_i = -\boldsymbol{n} \cdot (-D_i \cdot \nabla \cdot c_i + \boldsymbol{u}c_i) = R_i z_c \tag{5-13}$$

式中, z_c 为催化活性层厚度, m。

5.2.2.3　反应速率常数

A　以 CuI 为传统催化剂条件下反应速率常数的计算

如图 5-1 所示，以碘苯（A）和苯乙炔（B）反应为例，以 CuI 为催化剂，以甲苯为溶剂，反应物 A 与 B 的摩尔比为 1∶1，即 $c_0 = c_A = c_B = 1$ mol/m³。反应体系中，碘苯质量占比 40.3%，苯乙炔质量占比 20.2%，甲苯质量占比 39.5%，于 80 ℃条件下进行恒温反应，测定并记

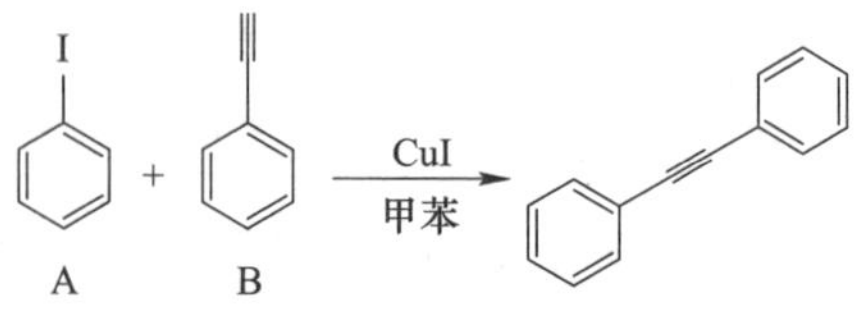

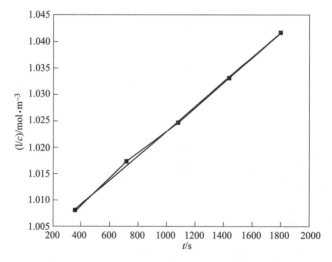

图 5-1　以 CuI 为催化剂条件下的碘苯和苯乙炔的反应

录反应物 A 分别在 360 s、720 s、1080 s、1440 s 和 1800 s 时的摩尔浓度，见表 5-2。

表 5-2　CuI 催化下 c_A-t 的实验数据表

t/s	c_A/mol·m⁻³
360	0.992
720	0.983
1080	0.976
1440	0.968
1800	0.960

通过积分法，将实验数据代入积分方程 $\dfrac{1}{c_A} = Kt + \dfrac{1}{c_0}$，并作图 5-2，求得反应速率常数 $K = 2.33 \times 10^{-5}$ m³/(mol·s)，总反应级数为 2。

图 5-2 彩图

图 5-2　反应速率常数计算曲线

B 以配合物 2 为新型催化剂条件下反应速率常数的计算

如图 5-3 所示,同样以碘苯(A)和苯乙炔(B)反应为例,以配合物 2 为催化剂,以甲苯为溶剂,反应物 A 与 B 的摩尔比为 1∶1,即 $c_0 = c_A = c_B = 1 \text{ mol/m}^3$。反应体系中,碘苯质量占比 40.3%,苯乙炔质量占比 20.2%,甲苯质量占比 39.5%,于 80 ℃条件下进行恒温反应,测定并记录反应物 A 分别在 360 s、720 s、1080 s、1440 s 和 1800 s 时的摩尔浓度,见表 5-3。

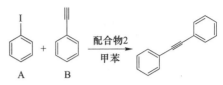

图 5-3 以配合物 2 为催化剂条件下的碘苯和苯乙炔的反应

表 5-3 配合物 2 催化下 c_A-t 的实验数据表

t/s	$c_A/\text{mol} \cdot \text{m}^{-3}$
360	0.607
720	0.434
1080	0.344
1440	0.278
1800	0.236

通过积分法,将实验数据代入积分方程 $\dfrac{1}{c_A} = Kt + \dfrac{1}{c_0}$,并作图 5-4,求得反应速率常数 $K = 1.82 \times 10^{-3} \text{ m}^3/(\text{mol} \cdot \text{s})$,总反应级数为 2。

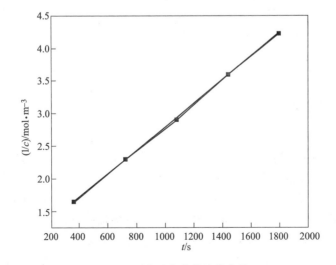

图 5-4 彩图

图 5-4 反应速率常数计算曲线

5.2.2.4 模型参数

对微通道反应器进行数值模拟时，涉及的相关参数主要包括：微通道模型尺寸（自行设计）；催化剂反应速率常数（实验数据计算可得）、保留时间等反应条件；各物质物性参数（检索相关物性数据手册可知）；由设计投料量计算体系碘苯质量占比 40.3%，苯乙炔质量占比 20.2%，甲苯质量占比 39.5%，通过加权平均值计算法可知混合物密度、黏度等流体特性参数。具体参数见表5-4。

表5-4　模型参数汇总表

定义对象	数值
微通道长度/m	$0.77×10^{-3}$
停留时间/s	600
均速/$m·s^{-1}$	$1.28333×10^{-6}$
配合物 2 速率常数/$m^3·(mol·s)^{-1}$	$1.82×10^{-3}$
CuI 速率常数/$m^3·(mol·s)^{-1}$	$2.33×10^{-5}$
催化层厚度/m	$1.00×10^{-6}$
混合物密度（加权平均密度）/$kg·m^{-3}$	$1.26×10^3$
混合物黏度（加权平均黏度）/$Pa·s$	$1.03×10^{-3}$
碘苯在甲苯中的扩散系数/$m^2·s^{-1}$	$6.10×10^{-10}$
苯乙炔在甲苯中的扩散系数/$m^2·s^{-1}$	$1.06×10^{-9}$
产物在甲苯中的扩散系数/$m^2·s^{-1}$	$4.00×10^{-10}$
碘苯初始浓度/$mol·m^{-3}$	60
苯乙炔初始浓度/$mol·m^{-3}$	60

5.2.3 数值模拟结果及分析

本章通过碘苯与苯乙炔中试反应的实际情况，设定了控制方程、边界条件，并通过实验得到了反应的速率常数，给出了微通道反应器数值模拟所需的模型参数。基于前述的准备工作，本书建立了在微通道反应器中进行交叉偶联的中试反应的三维仿真模型（图5-5），描述了在该反应器中进行的中试反应体系的速率、压力、转化率及反应速率的分布。图5-5中，反应器呈S形排布，有效节省了空间；所用催化体系均匀分布在5条反应器壁面上，有效增加了反应物与催化剂的接触面积。之后，通过软件划分计算域的网格，微通道反应器的高质量网格分布情况如图5-6所示。

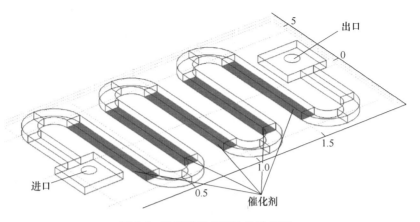

图 5-5 微通道反应器结构示意图

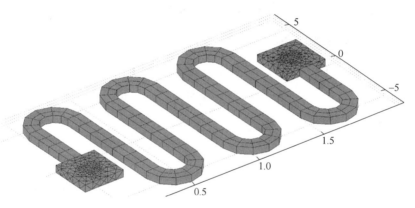

图 5-6 微通道反应器网格分布情况

5.2.3.1 流速分布

根据图 5-7 可知微通道反应器内的物料流速分布情况，物料进口速度设定为 $1.28333×10^{-6}$ m/s，物料停留时间为 40 min，反应温度为 80 ℃。由于受到混合物料黏性系数的影响，混合物料分布在通道壁面上形成边界层，通道中心的物料流速要大于四周靠近壁面的物料的流速。通道中心的物料流速最大可达 $1.058×10^{-6}$ m/s，反应器内物料全程流速平稳，靠近壁面的物料流速约为 $0.6×10^{-6}$ m/s，可保证物料持续流动，避免物料附着在通道壁上影响化学反应进行，确保传热效果良好。

5.2.3.2 压力分布

通过实验方法很难得到反应器内部的压力分布，一般只能测量进出口位置的压力情况，内部通道的压力分布是无法测量的。数值模拟可直观地得到微通道反应器内的压力分布情况，能更好地分析由于压力的变化带来的影响，是反应器设计过程中重要的理论依据。根据图 5-8 可知，在物料停留时间为 40 min、反应温度为 80 ℃的条件下，微通道反应器进口的最大压力为 0.291 MPa，并随反应的进行而稳定下降。

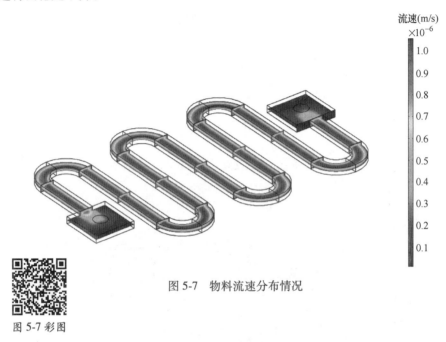

图 5-7　物料流速分布情况

图 5-7 彩图

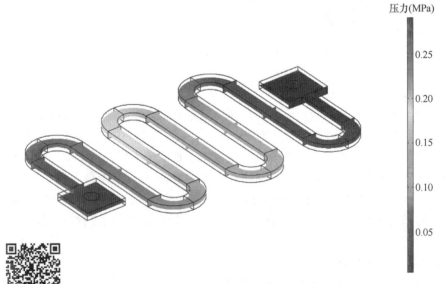

图 5-8　微通道反应器内部压力分布情况

图 5-8 彩图

5.2.3.3 转化率分布

高转化率、高选择性是实现资源合理利用、避免污染的重要考量指标。本书以新型催化剂配合物 2 与传统催化剂 CuI 为例，模拟催化碘苯与苯乙炔的交叉偶联中试反应。设定物料在微通道反应器内的停留时间为 40 min，初始浓度为 60 mol/m³，反应温度为 80 ℃。

如图 5-9 所示，该图为以配合物 2 为催化剂的条件下，交叉偶联反应的转化率分布情况。通过数值模拟可见，在微通道反应器 1/4 处，转化率约达到 50%；在反应器 1/2 处，转化率已达到 70% 以上；反应器出口转化率达到最高，为 80.9%。

图 5-9 彩图

图 5-9 以配合物 2 为催化剂条件下的转化率分布情况

同样反应条件下，只更换催化剂，通过数值模拟得到以 CuI 为催化剂条件下的反应转化率分布情况（图 5-10）。如图 5-10 所示，以 CuI 为催化剂进行反应转化率数值模拟时，40 min 停留时间内，反应转化率没有明显升高，出口转化率不到 10%，相比于新型催化剂（配合物 2）低约 70%。

改变图 5-10 的出口转化率范围，如图 5-11 所示，出口转化率最高仅为 5.45%，且对比图 5-9 转化率的增加幅度明显降低，说明以 CuI 为催化剂反应速率相对较低。

通过微通道反应器数值模拟，分别在应用新老催化剂的条件下，收集得到 0~40 min 停留时间范围内的转化率数值，并绘制停留时间和转化率之间的关系

转化率(%)

图 5-10 彩图

图 5-10 以 CuI 为催化剂条件下的转化率分布情况

图 5-11 彩图

图 5-11 以 CuI 为催化剂条件下的转化率分布情况

曲线。如图 5-12 所示，在应用新型催化剂的条件下，0~10 min 停留时间内，转化率呈现快速增长趋势，10~30 min 停留时间内，转化率增长趋于平稳，30~40 min 停留时间内，转化率无明显增长；对比应用新型催化剂条件下的转化率曲线，在应用传统催化剂的条件下，0~40 min 停留时间范围内的最高转化率增长仅为 5% 左右，这两条曲线可以直观地呈现出新型催化剂的高效催化效果。

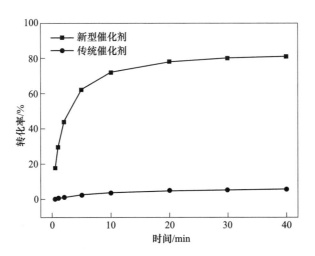

图 5-12　停留时间与转化率的关系曲线

5.2.3.4　速率分布

在应用新型催化剂的条件下，该反应的速率在微通道反应器内的分布如图 5-13 所示。反应速率分布呈先快后慢的趋势，在反应器 1/4 段时反应速率下降 50%，在反应器中段时反应速率已经下降 70%，可见新型催化剂的催化效果较好，并符合反应速率与反应物浓度成正比的规律。

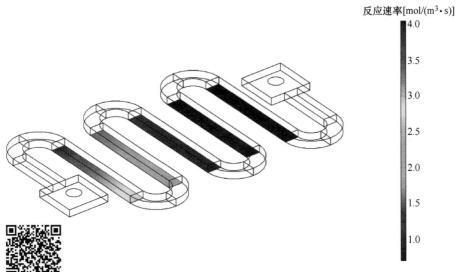

图 5-13　以配合物 2 为催化剂条件下的反应速率分布情况

图 5-13 彩图

5.2.4 反应的绿色化程度

5.2.4.1 原子经济性

本章以碘苯与苯乙炔的交叉偶联中试反应为例，计算应用新老催化剂条件下的原子利用率。

在应用传统催化剂（CuI）的条件下，原子利用率的计算公式如下：

$$原子利用率 = \frac{178}{204 + 3 \times 102} \times 100\% = 34.9\%$$

在应用新型催化剂（配合物 2）的条件下，原子利用率的计算公式如下：

$$原子利用率 = \frac{178}{204 + 102} \times 100\% = 58.2\%$$

上述计算显示，在应用新型催化剂的条件下，该反应的原子利用率由原来的 34.9% 增加至 58.2%，提高了 23.3%。计算表明，应用催化剂，提高了目标产物的选择性，从而能够有效减少废物排放，达到从源头减少污染物排放的目的。

5.2.4.2 E-因子

为计算反应 E-因子数值，本章以建立的微通道反应器模拟中试反应为例，并如 2.2.4.2 节所述，在计算 E-因子时对溶剂和碱的影响忽略不计。本书详细列出了中试反应所用各物质的质量及转化率，见表 5-5。

表 5-5　中试模拟反应相关物质的质量及转化率汇总表

参数	以 CuI 为催化剂	以配合物 2 为催化剂
碘苯质量/kg	12.24	12.24
苯乙炔质量/kg	18.36	6.12
催化剂质量/kg	2.28（不可回收）	3.69（可回收）
目标产物质量/kg	0.58	8.64
废物质量/kg	30.02	9.72
转化率/%	5.45	80.9

基于以上，由于 CuI 在催化后无法回收利用，则 CuI 的质量一并计入废物质量中，以 CuI 为催化剂条件下的环境因子（E-因子$_{CuI}$）计算公式如下：

$$E\text{-}因子_{CuI} = \frac{生成废物质量}{目标产物质量} = \frac{30.02 + 2.28}{0.58} = 55.69$$

以配合物 2 为催化剂条件下的环境因子（E-因子$_{配合物2}$）计算公式如下：

$$E\text{-}因子_{配合物2} = \frac{生成废物质量}{目标产物质量} = \frac{9.72}{8.64} = 1.125$$

对比环境因子 E-因子$_{CuI}$ 和 E-因子$_{配合物2}$ 的数值发现，改变催化剂后，E-因子的数值下降较为明显，说明采用新型催化剂后，该交叉偶联反应过程对环境造成的影响也随之变小。其中，E-因子$_{配合物2}$ 数值降低到大宗化学品行业 E-因子范围，说明在以配合物 2 为催化剂的条件下，反应对环境的友好程度可满足更大规模的实际生产。

5.2.4.3 反应转化率和速率

化学反应的绿色化过程要求具有较高的反应选择性，也就是反应需具有专一性。目前，要求工业生产达到 100% 的反应专一性并不现实，副反应和副产物始终伴随反应发生，因此，催化剂等辅助剂仍是高效制备产品的有效手段。

本书所模拟的中试反应的转化率可以作为衡量一个反应选择性优劣的指标。由前文展示的新老催化剂转化率的分布图可以直观看到，在应用新型催化剂的条件下，反应器出口转化率达到最高的 80.9%，而在应用传统催化剂的条件下，出口转化率最高仅为 5.45%，这对于提高反应选择性的效果十分明显，同时也说明新型催化剂有效提升了反应的绿色化程度。

在工业生产中，即使整个生产过程中没有任何废物生成，如果反应速率很慢，该反应也很难得以应用，因为较慢的反应速率意味着更多的生产成本，这是绿色化学必须考虑到的经济可行性问题。

由前文所述的反应速率常数和反应物初始浓度，可以计算得到应用新老催化剂条件下的初始反应速率，计算公式如下。

以 CuI 为催化剂的条件下，初始反应速率为：

$$R_{CuI} = Kc_A c_B = 2.33 \times 10^{-5} \times 60 \times 60 = 8.388 \times 10^{-2} \text{ mol/(m}^3 \cdot \text{s)}$$

以配合物 2 为催化剂的条件下，初始反应速率为：

$$R_{配合物2} = Kc_A c_B = 1.82 \times 10^{-3} \times 60 \times 60 = 6.552 \text{ mol/(m}^3 \cdot \text{s)}$$

对比初始反应速率，新型催化剂将反应速率提升了两个数量级，结合图 5-13 反应速率分布可见，新型催化剂可直接有效缩短反应时间、节约能耗、降低成本，间接地减少对环境的影响，这将有利于该反应在生产中得以实现。

5.2.4.4 反应温度和压力

反应温度和压力能够体现反应体系内部能量的大小。高温高压条件下，引起火灾和爆炸的可能性会大大增加，如产生生产事故，有毒有害物质可能大面积扩散，直接危害操作人员及周边地区人员的生命安全，并会因此带来一系列的环境污染问题。本书通过选择微通道反应器，以及使用新型催化体系，明显降低了反应温度和压力，使得反应可以在温和的条件下进行，从源头杜绝因高温高压所带来的潜在危险，避免对环境造成不良影响。

如前文所述，经典的 Ullmann 条件较为苛刻，一般需要 200 ℃ 以上的高温和 2~10 个标准大气压氛围，且反应选择性较低，底物的普适性差。本书建立的微通道反应器模型中，设定反应温度为 80 ℃，微通道反应器进口最大压力为 0.291 MPa，交叉偶联反应即可顺利完成，且有较高的转化率。从本书所做工作可以看出，应用新型催化剂条件下的潜在危险性远低于应用传统催化剂条件下的潜在危险性，甚至可以说，新的温度压力条件下，反应对环境基本没有影响。

5.3　本 章 小 结

本章以碘苯和苯乙炔的交叉偶联反应为例，采用 COMSOL 仿真模型设计软件，建立了微通道反应器模型。通过数值模拟，得到该中试反应相关模拟结果，并对结果进行分析。流速分布模拟显示，通道中心物料流速最大可达 1.058×10^{-6} m/s，靠近壁面的物料流速约为 0.6×10^{-6} m/s，反应器内物料流速平稳。80 ℃ 条件下，微通道反应器进口最大压力为 0.291 MPa，且借助数值模拟可直观显示微通道反应器内部压力分布情况，为反应器生产设计提供理论依据。转化率分布模拟显示，以配合物 2 为催化剂的条件下，反应器出口转化率达到最高，为 80.9%，以 CuI 为催化剂的反应物转化率相对低很多，出口转化率仅为 5.45%，相比新型催化剂低 70% 以上。可见，新型催化剂大幅度提高了反应转化率，有效减少因转化率低而出现的废物污染环境的问题。反应速率在微通道反应器内呈先快后慢的分布趋势，在反应器中段时反应速率已经下降 70%，可见新型催化剂的催化效果较好，有利于进行工业化生产。

结合数值模拟，本书对上述中试反应的原子经济性、E-因子等指标进行了计算和分析，对该反应的绿色化程度进行了评价。在应用新型催化剂的条件下，交叉偶联反应的原子利用率提高了 23.3%，有效增加了目标产物的选择性，降低废弃物排放数量。对比计算的环境因子 E-因子$_{CuI}$ = 55.69、E-因子$_{配合物2}$ = 1.125，E-因子的数值下降较为明显，说明采用新型催化剂后，该反应过程对环境造成的影响随之变小。对比反应转化率和速率，新型催化剂对反应的催化效果提升较为明显，反应过程中温和的反应温度和压力使得反应更加安全、环保。以上阐述说明，采用新型催化剂是从源头减少环境污染物排放的可行办法。

参 考 文 献

[1] NEGISHI E. Palladium- or nickel-catalyzed cross coupling. A new selective method for carbon-carbon bond formation [J]. Accounts of Chemical Research, 1982, 15 (11): 340-348.

[2] HASSAN J, SÉVIGNON M, GOZZI C, et al. Aryl-aryl bond formation one century after the discovery of the Ullmann reaction [J]. Chemical Reviews, 2002, 102 (5): 1359-1470.

[3] GILMAN H, JONES R G, WOODS L A. The preparation of methylcopper and some observations on the decomposition of organocopper compounds [J]. The Journal of Organic Chemistry, 1952, 17 (12): 1630-1634.

[4] KRAUSE N, GEROLD A. Regio- and stereoselective syntheses with organocopper reagents [J]. Angewandte Chemie International Edition, 1997, 36 (3): 186-204.

[5] KUNZ K, SCHOLZ U, GANZER D. Renaissance of Ullmann and Goldberg reactions progress in copper-catalyzed C—N-, C—O- and C—S-coupling [J]. Synlett, 2003, 15: 2428-2439.

[6] FINET J P, FEDOROV A, COMBES S, et al. Recent advances in Ullmann reaction: Copper(II) diacetate-catalyzed N-, O- and S-arylation involving polycoordinate heteroatomic derivatives [J]. Current Organic Chemistry, 2002, 6 (7): 597-626.

[7] MONNIER F, TAILLEFER M. Catalytic C—C, C—N, and C—O Ullmann-type coupling reactions [J]. Angewandte Chemie International Edition, 2009, 48 (38): 6954-6971.

[8] MONNIER F, TAILLEFER M. Catalytic C—C, C—N, and C—O Ullmann-type coupling reactions: Copper makes a difference [J]. Angewandte Chemie International Edition, 2008, 47 (17): 3096-3099.

[9] EVANO G, BLANCHARD N, TOUMI M. Copper-mediated coupling reactions and their applications in natural products and designed biomolecules synthesis [J]. Chemical Reviews, 2008, 108 (8): 3054-3131.

[10] MA D, CAI Q. Copper/Amino acid-catalyzed cross-couplings of aryl and vinyl halides with nucleophiles [J]. Accounts of Chemical Research, 2008, 41 (11): 1450-1460.

[11] BELETSKAYA I P, CHEPRAKOV A V. Copper in cross-coupling reactions [J]. Coordination Chemistry Reviews, 2004, 248 (21/22/23/24): 2337-2364.

[12] LEY S V, THOMAS A W. Modern synthetic method for copper-mediated C (aryl)—O, C(aryl)—N, and C(aryl)—S bond formation [J]. Angewandte Chemie International Edition, 2003, 42 (44): 5400-5449.

[13] BHUNIA S, PAWAR G G, KUMAR S V, et al. Selected copper-based reactions for C—N, C—O, C—S, and C—C bond formation [J]. Angewandte Chemie International Edition, 2017, 56 (51): 16136-16179.

[14] MA D, ZHANG Y, YAO J, et al. Accelerating effect induced by the structure of α-amino acid in the copper-catalyzed coupling reaction of aryl halides with α-amino acids. Synthesis of benzolactam-V$_8$ [J] . Journal of the American Chemical Society, 1998, 120 (48): 12459-12467.

[15] MA D, XIA C. CuI-catalyzed coupling reaction of β-amino acids or esters with aryl halides at

temperature lower than that employed in the normal Ullmann reaction. Facile synthesis of SB-214857 [J]. Organic Letters, 2001, 3 (16): 2583-2586.

[16] MA D, CAI Q, ZHANG H. Mild method for Ullmann coupling reaction of amines and aryl halides [J]. Organic Letters, 2003, 5 (14): 2453-2455.

[17] MA D, CAI Q. L-proline promoted Ullmann-type coupling reactions of aryl iodides with indoles, pyrroles, imidazoles or pyrazoles [J]. Synlett, 2004, 1: 128-130.

[18] ZHANG H, CAI Q, MA D. Amino acid promoted CuI-catalyzed C—N bond formation between aryl halides and amines or N-containing heterocycles [J]. The Journal of Organic Chemistry, 2005, 70 (13): 5164-5173.

[19] YANG C T, FU Y, HUANG Y B, et al. Room-temperature copper-catalyzed carbon-nitrogen coupling of aryl iodides and bromides promoted by organic ionic bases [J]. Angewandte Chemie International Edition, 2009, 48 (40): 7398-7401.

[20] GUO X, RAO H, FU H, et al. An inexpensive and efficient copper catalyst for N-arylation of amines, amides and nitrogen-containing heterocycles [J]. Advanced Synthesis & Catalysis, 2006, 348 (15): 2197-2202.

[21] KWONG F Y, BUCHWALD S L. Mild and efficient copper-catalyzed amination of aryl bromides with primary alkylamines [J]. Organic Letters, 2003, 5 (6): 793-796.

[22] SHAFIR A, BUCHWALD S L. Highly selective room-temperature copper-catalyzed C—N coupling reactions [J]. Journal of the American Chemical Society, 2006, 128 (27): 8742-8743.

[23] SHAFIR A, LICHTOR P A, BUCHWALD S L. N- versus O-arylation of aminoalcohols: Orthogonal selectivity in copper-based catalysts [J]. Journal of the American Chemical Society, 2007, 129 (12): 3490-3491.

[24] ALTMAN R A, ANDERSON K W, BUCHWALD S L. Pyrrole-2-carboxylic acid as a ligand for the Cu-catalyzed reactions of primary anilines with aryl halides [J]. The Journal of Organic Chemistry, 2008, 73 (13): 5167-5169.

[25] ZHU D, WANG R, MAO J, et al. Efficient copper-catalyzed amination of aryl halides with amines and N—H heterocycles using rac-BINOL as ligand [J]. Journal of Molecular Catalysis A: Chemical, 2006, 256 (1/2): 256-260.

[26] JIANG D, FU H, JIANG Y, et al. CuBr/rac-BINOL-catalyzed N-arylations of aliphatic amines at room temperature [J]. The Journal of Organic Chemistry, 2007, 72 (2): 672-674.

[27] ZENG L, FU H, QIAO R, et al. Efficient copper-catalyzed synthesis of N-alkyl-anthranilic acids via an ortho-substituent effect of the carboxyl group of 2-halo-benzoic acids at room temperature [J]. Advanced Synthesis & Catalysis, 2009, 351 (10): 1671-1676.

[28] ZHOU F, GUO J, LIU J, et al. Copper-catalyzed desymmetric intramolecular Ullmann C—N coupling: An enantioselective preparation of indolines [J]. Journal of the American Chemical Society, 2012, 134 (35): 14326-14329.

[29] LU Z, TWIEG R J, HUANG S D. Copper-catalyzed amination of aromatic halides with 2-N,N-dimethylaminoethanol as solvent [J]. Tetrahedron Letters, 2003, 44 (33): 6289-6292.

［30］ LU Z, TWIEG R J. Copper-catalyzed aryl amination in aqueous media with 2-dimethylaminoethanol ligand ［J］. Tetrahedron Letters, 2005, 46 （17）: 2997-3001.

［31］ LU Z, TWIEG R J. A mild and practical copper catalyzed amination of halo thiophenes ［J］. Tetrahedron, 2005, 61 （4）: 903-918.

［32］ DENG W, LIU L, ZHANG C, et al. Copper-catalyzed cross-coupling of sulfonamides with aryl iodides and bromides facilitated by amino acid ligands ［J］. Tetrahedron Letters, 2005, 46 （43）: 7295-7298.

［33］ RIBECAI A, BACCHI S, DELPOGETTO M, et al. Identification of a manufacturing route of novel CRF-1 antagonists containing a 2, 3-dihydro-1*H*-pyrrolo ［2, 3-b］ pyridine moiety ［J］. Organic Process Research & Development, 2010, 14 （4）: 895-901.

［34］ GOODBRAND H B, HU N X. Ligand-accelerated catalysis of the Ullmann condensation: Application to hole conducting triarylamines ［J］. The Journal of Organic Chemistry, 1999, 64 （2）: 670-674.

［35］ GUJADHUR R K, BATES C G, VENKATARAMAN D. Formation of aryl-nitrogen, aryl-oxygen, and aryl-carbon bonds using well-defined copper（ I ）-based catalysts ［J］. Organic Letters, 2001, 3 （26）: 4315-4317.

［36］ WOLTER M, KLAPARS A, BUCHWALD S L. Synthesis of *N*-aryl hydrazides by copper-catalyzed coupling of hydrazides with aryl iodides ［J］. Organic Letters, 2001, 3 （23）: 3803-3805.

［37］ JONES K L, PORZELLE A, HALL A, et al. Copper-catalyzed coupling of hydroxylamines with aryl iodides ［J］. Organic Letters, 2008, 10 （5）: 797-800.

［38］ LI Y, PENG J, CHEN X, et al. Copper-catalyzed synthesis of multisubstituted indoles through tandem Ullmann-Type C—N formation and cross-dehydrogenative coupling reactions ［J］. Journal of Organic Chemistry, 2018, 83 （9）: 5288-5294.

［39］ CUI J, ZHANG T, WANG J, et al. Synthesis of imidazobenzothiazine and primidobenazothiazine derivatives via the classic Ullmann cross-coupling reaction of 1,8-diiodonaphthalene with 1*H*-benzo ［*d*］imidazole-2-thiols or 2-thiouracils ［J］. Synthetic Communications, 2019, 49 （8）: 1076-1082.

［40］ SHAIK B V, SEELAM M, TAMMINANA R, et al. Copper promoted C—S and C—N cross-coupling reactions: The synthesis of 2-(*N*-Aryolamino) benzothiazoles and 2-(*N*-Aryolamino) benzimidazoles ［J］. Tetrahedron, 2019, 75 （29）: 3865-3874.

［41］ ALTMAN R A, BUCHWALD S L. 4,7-dimethoxy-1,10-phenanthroline: An excellent ligand for the Cu-catalyzed *N*-arylation of imidazoles ［J］. Organic Letters, 2006, 8 （13）: 2779-2782.

［42］ ALTMAN R A, KOVAL E D, BUCHWALD S L. Copper-catalyzed *N*-arylation of imidazoles and benzimidazoles ［J］. The Journal of Organic Chemistry, 2007, 72 （16）: 6190-6199.

［43］ PHILLIPS D P, ZHU X F, LAU T L, et al. Copper-catalyzed C—N coupling of amides and nitrogen-containing heterocycles in the presence of cesium fluoride ［J］. Tetrahedron Letters, 2009, 50 （52）: 7293-7296.

［44］ GHINET A, OUDIR S, HÉNICHART J P, et al. Studies on pyrrolidinones. On the application of copper-catalyzed arylation of methyl pyroglutamate to obtain a new benzo [de] quinoline scaffold [J]. Tetrahedron, 2010, 66 (1): 215-221.

[45] KUKOSHA T, TRUFILKINA N, BELYAKOV S, et al. Copper-catalyzed cross-coupling of O-alkyl hydroxamates with aryl iodides [J]. Synthesis, 2012, 44 (15): 2413-2423.

[46] CRAWFORD K R, PADWA A. Copper-catalyzed amidations of bromo substituted furans and thiophenes [J]. Tetrahedron Letters, 2002, 43 (41): 7365-7368.

[47] PADWA A, CRAWFORD K R, RASHATASAKHON P, et al. Several convenient methods for the synthesis of 2-amido substituted furans [J]. The Journal of Organic Chemistry, 2003, 68 (7): 2609-2617.

[48] HOSSEINZADEH R, SARRAFI Y, MOHADJERANI M, et al. Copper-catalyzed arylation of phenylurea using KF/Al_2O_3 [J]. Tetrahedron Letters, 2008, 49 (5): 840-843.

[49] ANTILLA J C, KLAPARS A, BUCHWALD S L. The Copper-catalyzed N-arylation of indoles [J]. Journal of the American Chemical Society, 2002, 124 (39): 11684-11688.

[50] ANTILLA J C, BASKIN J M, BARDER T E, et al. Copper diamine-catalyzed N-arylation of pyrroles, pyrazoles, indazoles, imidazoles, and triazoles [J]. The Journal of Organic Chemistry, 2004, 69 (17): 5578-5587.

[51] MALLESHAM B, RAJESH B M, REDDY P R, et al. Highly efficient CuI-catalyzed coupling of aryl bromides with oxazolidinones using buchwald's protocol: A short route to linezolid and toloxatone [J]. Organic Letters, 2003, 5 (7): 963-965.

[52] KURANDINA D V, ELISEENKOV E V, ILYIN P V, et al. Facile and convenient synthesis of aryl hydrazines via copper-catalyzed C—N cross-coupling of aryl halides and hydrazine hydrate [J]. Tetrahedron, 2014, 70 (26): 4043-4048.

[53] ZHANG C, HUANG B, BAO A Q, et al. Copper-catalyzed arylation of biguanide derivatives via C—N cross-coupling reactions [J]. Organic & Biomolecular Chemistry, 2015, 13 (47): 11432-11437.

[54] ZHANG J, JIA R P, WANG D H. Copper-catalyzed C—N cross-coupling of arylboronic acids with N-acylpyrazoles [J]. Tetrahedron Letters, 2016, 57 (32): 3604-3607.

[55] SAHOO H, MUKHERJEE S, GRANDHI G S, et al. Copper-catalyzed C—N cross-coupling reaction of aryl boronic acids at room temperature through chelation assistance [J]. The Journal of Organic Chemistry, 2017, 82 (5): 2764-2771.

[56] TAVS P, KORTE F. Zur herstellung aromatischer phosponsäureester aus arylhalo-geniden und trialkylphosphiten [J]. Tetrahedron, 1967, 23 (12): 4677-4679.

[57] BHATTACHARYA A K, THYAGARAJAN G. Michaelis-Arbuzov rearrangement [J]. Chemical Reviews, 1981, 81 (4): 415-430.

[58] OSUKA A, OHMASA N, YOSHIDA Y, et al. Synthesis of arenephosphonates by Copper(I) iodide-promoted arylation of phosphite anions [J]. Synthesis, 1983, 1: 69-71.

[59] VAN ALLEN D, VENKATARAMAN D. Copper-catalyzed synthesis of unsymmetrical triarylphosphines [J]. The Journal of Organic Chemistry, 2003, 68 (11): 4590-4593.

[60] GELMAN D, JIANG L, BUCHWALD S L. Copper-catalyzed C—P bond construction via direct

coupling of secondary phosphines and phosphites with aryl and vinyl halides [J]. Organic Letters, 2003, 5 (13): 2315-2318.

[61] TANI K, BEHENNA D C, MCFADDEN R M, et al. A facile and modular synthesis of phosphinooxazoline ligands [J]. Organic Letters, 2007, 9 (13): 2529-2531.

[62] MCDOUGAL N T, STREUFF J, MUKHERJEE H, et al. Rapid synthesis of an electron-deficient *t*-BuPHOX ligand: Cross-coupling of aryl bromides with secondary phosphine oxides [J]. Tetrahedron Letters, 2010, 51 (42): 5550-5554.

[63] LI Y, DAS S, ZHOU S, et al. General and selective copper-catalyzed reduction of tertiary and secondary phosphine oxides: Convenient synthesis of phosphines [J]. Journal of the American Chemical Society, 2012, 134 (23): 9727-9732.

[64] HUANG C, TANG X, FU H, et al. Proline/Pipecolinic acid-promoted copper-catalyzed *P*-arylation [J]. The Journal of Organic Chemistry, 2006, 71 (13): 5020-5022.

[65] RAO H, JIN Y, FU H, et al. A versatile and efficient ligand for copper-catalyzed formation of C—N, C—O, and P—C bonds: Pyrrolidine-2-phosphonic acid phenyl monoester [J]. Chemistry-A European Journal, 2006, 12 (13): 3636-3646.

[66] JIANG D, JIANG Q, FU H, et al. Efficient copper-catalyzed coupling of 2-haloacetanilides with phosphine oxides and phosphites under mild conditions [J]. Synthesis, 2008, 21: 3473-3477.

[67] STANKEVIČ M, WŁODARCZYK A. Efficient copper (Ⅰ)-catalyzed coupling of secondary phosphine oxides with aryl halides [J]. Tetrahedron, 2013, 69 (1): 73-81.

[68] KARLSTEDT N B, BELETSKAYA I P. Copper-catalyzed cross-coupling of diethyl phosphonate with aryl iodides [J]. Russian Journal of Organic Chemistry, 2011, 47 (7): 1011-1014.

[69] CHEN W, MA D, HU G, et al. Copper-catalyzed decarboxylative C—P cross coupling of arylpropiolic acids with dialkyl hydrazinylphosphonates leading to alkynyl-phosphonates [J]. Synthetic Communications, 2016, 46 (14): 1175-1181.

[70] HURTLEY W R H. CCXL Ⅳ.—Replacement of halogen in orthobromo-benzoic acid [J]. Journal of the Chemical Society, 1929: 1870-1873.

[71] HENNESSY E J, BUCHWALD S L. A general and mild copper-catalyzed arylation of diethyl malonate [J]. Organic Letters, 2002, 4 (2): 269-272.

[72] CRISTAU H J, CELLIER P P, SPINDLER J F, et al. Highly efficient and mild copper-catalyzed *N*- and *C*-arylations with aryl bromides and iodides [J]. Chemistry-A European Journal, 2004, 10 (22): 5607-5622.

[73] MINO T, YAGISHITA F, SHIBUYA M, et al. Copper(Ⅰ)-catalyzed C—C and C—O coupling reactions using hydrazone-ligands [J]. Synlett, 2009, 15: 2457-2460.

[74] XIE X, CAI G, MA D. CuI/*L*-proline-catalyzed coupling reactions of aryl halides with activated methylene compounds [J]. Organic Letters, 2005, 7 (21): 4693-4695.

[75] XIE X, CHEN Y, MA D. Enantioselective arylation of 2-methylacetoacetates-catalyzed by CuI/*trans*-4-hydroxy-*L*-proline at low reaction temperatures [J]. Journal of the American Chemical Society, 2006, 128 (50): 16050-16051.

[76] CAI Q, ZHOU F. Development and challenges in copper-catalyzed asymmetric Ullmann-type

coupling reactions [J]. Synlett, 2012, 24 (4): 408-411.

[77] YIP S F, CHEUNG H Y, ZHOU Z, et al. Room-temperature copper-catalyzed α-arylation of malonates [J]. Organic Letters, 2007, 9 (17): 3469-3472.

[78] PEI L, QIAN W. CuI/L-proline-catalyzed coupling reactions of vinyl bromides with activated methylene compounds [J]. Synlett, 2006, 11: 1719-1723.

[79] DANOUN G, TLILI A, MONNIER F, et al. Direct copper-catalyzed α-crylation of benzyl bhenyl ketones with aryl iodides: Route towards tamoxifen [J]. Angewandte Chemie, 2012, 124 (51): 12987-12991.

[80] O'DUILL M, DUBOST E, PFEIFER L, et al. Cross-coupling of [2-Aryl-1, 1, 2, 2-tetrafluoroethyl] (trimethyl) silanes with aryl halides [J]. Organic Letters, 2015, 17 (14): 3466-3469.

[81] MARTIN A, KALEVARU N V, LÜCKE B, et al. Eco-friendly synthesis of P-nitro-benzonitrile by heterogeneously catalysed gas phase ammoxidation [J]. Green Chemistry, 2002, 4 (5): 481-485.

[82] LIU Y, ZHONG M, YU W, et al. One-step synthesis of tolunitriles by hetero-geneously-catalyzed liquid-phase ammoxidation [J]. Synthetic Communications, 2005, 35 (23): 2951-2954.

[83] ROMBI E, FERINO I, MONACI R, et al. Toluene ammoxidation on α-Fe_2O_3-based catalysts [J]. Applied Catalysis A: General, 2004, 266 (1): 73-79.

[84] LÜCKE B, NARAYANA K V, MARTIN A, et al. Oxidation and ammoxidation of aromatics [J]. Advanced Synthesis & Catalysis, 2004, 346 (12): 1407-1424.

[85] CAI L, LIU X, TAO X, et al. Efficient microwave-assisted cyanation of aryl bromide [J]. Synthetic Communications, 2004, 34 (7): 1215-1221.

[86] REN Y, LIU Z, ZHAO S, et al. Ethylenediamine/Cu(OAc)$_2$ · H_2O-catalyzed cyanation of aryl halides with $K_4[Fe(CN)_6]$ [J]. Catalysis Communications, 2009, 10 (6): 768-771.

[87] REN Y, ZHAO S, TIAN X, et al. Ligand-free Cu-catalyzed cyanation of aryl halides with $K_4[Fe(CN)_6]$ in water [J]. Letters in Organic Chemistry, 2009, 6 (7): 564-567.

[88] REN Y, WANG W, ZHAO S, et al. Microwave-enhanced and ligand-free copper-catalyzed cyanation of aryl halides with $K_4[Fe(CN)_6]$ in water [J]. Tetrahedron Letters, 2009, 50 (32): 4595-4597.

[89] DEBLASE C, LEADBEATER N E. Ligand-free CuI-catalyzed cyanation of aryl halides using $K_4[Fe(CN)_6]$ as cyanide source and water as solvent [J]. Tetrahedron, 2010, 66 (5): 1098-1101.

[90] BELETSKAYA I P, SIGEEV A S, PEREGUDOV A S, et al. Catalytic Sandmeyer cyanation as a synthetic pathway to aryl nitriles [J]. Journal of Organometallic Chemistry, 2004, 689 (23): 3810-3812.

[91] ZANON J, KLAPARS A, BUCHWALD S L. Copper-catalyzed domino halide exchange cyanation of aryl bromides [J]. Journal of the American Chemical Society, 2003, 125 (10): 2890-2891.

[92] CRISTAU H J, OUALI A, SPINDLER J F, et al. Mild and efficient copper-catalyzed cyanation of aryl iodides and bromides [J]. Chemistry-A European Journal, 2005, 11 (8): 2483-2492.

[93] SCHAREINA T, ZAPF A, MÄGERLEIN W, et al. A state-of-the-art cyanation of aryl bromides: A novel and versatile copper catalyst system inspired by nature [J]. Chemistry-A European Journal, 2007, 13 (21): 6249-6254.

[94] SCHAREINA T, ZAPF A, MÄGERLEIN W, et al. Copper-catalyzed cyanation of heteroaryl bromides: A novel and versatile catalyst system inspired by nature [J]. Synlett, 2007, 4: 0555-0558.

[95] SCHAREINA T, ZAPF A, COTTÉ A, et al. A bio-inspired copper catalyst system for practical catalytic cyanation of aryl bromides [J]. Synthesis, 2008, 20: 3351-3355.

[96] ZHANG G, REN X, CHEN J, et al. Copper-mediated cyanation of aryl halide with the combined cyanide source [J]. Organic Letters, 2011, 13 (19): 5004-5007.

[97] MEHMOOD A, DEVINE W G, LEADBEATER N E. Development of methodologies for copper-catalyzed C—O bond formation and direct cyanation of aryl iodides [J]. Topics in Catalysis, 2010, 53 (15/16/17/18): 1073-1080.

[98] CHEN X, HAO X S, GOODHUE C E, et al. Cu(II)-catalyzed functionalizations of aryl C—H bonds using O_2 as an oxidant [J]. Journal of the American Chemical Society, 2006, 128 (21): 6790-6791.

[99] JIN J, WEN Q, LU P, et al. Copper-catalyzed cyanation of arenes using benzyl nitrile as a cyanide anion surrogate [J]. Chemical Communications, 2012, 48 (79): 9933-9935.

[100] YUEN O Y, CHOY P Y, CHOW W K, et al. Synthesis of 3-cyanoindole derivatives mediated by copper(I) iodide using benzyl cyanide [J]. The Journal of Organic Chemistry, 2013, 78 (7): 3374-3378.

[101] DO H Q, DAUGULIS O. Copper-catalyzed cyanation of heterocycle carbon-hydrogen bonds [J]. Organic Letters, 2010, 12 (11): 2517-2519.

[102] ZHANG G, ZHANG L, HU M, et al. Copper(I)-mediated cyanation of boronic acids [J]. Advanced Synthesis & Catalysis, 2011, 353 (2/3): 291-294.

[103] KIM J, CHOI J, SHIN K, et al. Copper-mediated sequential cyanation of aryl C—B and arene C—H bonds using ammonium iodide and DMF [J]. Journal of the American Chemical Society, 2012, 134 (5): 2528-2531.

[104] LISKEY C W, LIAO X, HARTWIG J F. Cyanation of arenes via iridium-catalyzed borylation [J]. Journal of the American Chemical Society, 2010, 132 (33): 11389-11391.

[105] SONG R J, WU J C, LIU Y, et al. Copper-catalyzed oxidative cyanation of aryl halides with nitriles involving carbon-carbon cleavage [J]. Synlett, 2012, 23 (17): 2491-2496.

[106] ZHANG S, ZHANG D, LIEBESKIND L S. Ambient temperature, Ullmann-like reductive coupling of aryl, heteroaryl, and alkenyl halides [J]. The Journal of Organic Chemistry, 1997, 62 (8): 2312-2313.

[107] BABUDRI F, CARDONE A, FARINOLA G M, et al. A versatile copper-induced synthesis of fluorinated oligo (para-phenylenes) [J]. Tetrahedron, 1998, 54 (48): 14609-14616.

［108］LI J H, WANG D P. CuI/DABCO-catalyzed cross-coupling reactions of aryl halides with arylboronic acids ［J］. European Journal of Organic Chemistry, 2006, 2006（9）: 2063-2066.

［109］LI J H, LI J L, XIE Y X. TBAB-promoted ligand-free copper-catalyzed cross-coupling reactions of aryl halides with arylboronic acids ［J］. Synthesis, 2007（7）: 984-988.

［110］LI J H, LI J L, WANG D P, et al. CuI-catalyzed Suzuki-Miyaura and Sonogashira cross-coupling reactions using DABCO as ligand ［J］. The Journal of Organic Chemistry, 2007, 72（6）: 2053-2057.

［111］KIRAI N, YAMAMOTO Y. Homocoupling of arylboronic acids-catalyzed by 1,10-phenanthroline-ligated copper complexes in air ［J］. European Journal of Organic Chemistry, 2009, 2009（12）: 1864-1867.

［112］PIVSA-ART S, SATOH T, KAWAMURA Y, et al. Palladium-catalyzed arylation of azole compounds with aryl halides in the presence of alkali metal carbonates and the use of copper iodide in the reaction ［J］. Bulletin of the Chemical Society of Japan, 1998, 71（2）: 467-473.

［113］YOSHIZUMI T, TSURUGI H, SATOH T, et al. Copper-mediated direct arylation of benzoazoles with aryl iodides ［J］. Tetrahedron Letters, 2008, 49（10）: 1598-1600.

［114］YOSHIZUMI T, SATOH T, HIRANO K, et al. Synthesis of 2,5-diaryloxazoles through van Leusen reaction and copper-mediated direct arylation ［J］. Tetrahedron Letters, 2009, 50（26）: 3273-3276.

［115］KAWANO T, YOSHIZUMI T, HIRANO K, et al. Copper-mediated direct arylation of 1,3,4-oxadiazoles and 1,2,4-triazoles with aryl iodides ［J］. Organic Letters, 2009, 11（14）: 3072-3075.

［116］DO H Q, DAUGULIS O. Copper-catalyzed arylation of heterocycle C—H bonds ［J］. Journal of the American Chemical Society, 2007, 129（41）: 12404-12405.

［117］DO H Q, DAUGULIS O. Copper-catalyzed arylation and alkenylation of polyfluoroarene C—H bonds ［J］. Journal of the American Chemical Society, 2008, 130（4）: 1128-1129.

［118］DO H Q, KHAN R M K, DAUGULIS O. A general method for copper-catalyzed arylation of arene C—H bonds ［J］. Journal of the American Chemical Society, 2008, 130（45）: 15185-15192.

［119］DO H Q, DAUGULIS O. Copper-catalyzed arene C—H bond cross-coupling ［J］. Chemical Communications, 2009（42）: 6433-6435.

［120］DO H Q, DAUGULIS O. A general method for copper-catalyzed arene cross-dimerization ［J］. Journal of the American Chemical Society, 2011, 133（34）: 13577-13586.

［121］SHANG R, FU Y, WANG Y, et al. Copper-catalyzed decarboxylative cross-coupling of potassium polyfluorobenzoates with aryl iodides and bromides ［J］. Angewandte Chemie, 2009, 121（49）: 9514-9518.

［122］NAKAJIMA M, KANAYAMA K, MIYOSHI I, et al. Catalytic asymmetric synthesis of binaphthol derivatives by aerobic oxidative coupling of 3-hydroxy-2-naphthoates with chiral diamine-copper complex [J]. Tetrahedron Letters, 1995, 36 (52): 9519-9520.

[123] NAKAJIMA M, MIYOSHI I, KANAYAMA K, et al. Enantioselective synthesis of binaphthol derivatives by oxidative coupling of naphthol derivatives-catalyzed by chiral diamine copper complexes [J]. The Journal of Organic Chemistry, 1999, 64 (7): 2264-2271.

[124] LI X, YANG J, KOZLOWSKI M C. Enantioselective oxidative biaryl coupling reactions-catalyzed by 1, 5-diazadecalin metal complexes [J]. Organic Letters, 2001, 3 (8): 1137-1140.

[125] KOZLOWSKI M C, LI X, CARROLL P J, et al. Copper(II) complexes of novel 1,5-diaza-cis-decalin diamine ligands: An investigation of structure and reactivity [J]. Organometallics, 2002, 21 (21): 4513-4522.

[126] LI X, HEWGLEY J B, MULROONEY C A, et al. Enantioselective oxidative biaryl coupling reactions-catalyzed by 1,5-diazadecalin metal complexes: Efficient formation of chiral functionalized BINOL derivatives [J]. The Journal of Organic Chemistry, 2003, 68 (14): 5500-5511.

[127] GAO J, REIBENSPIES J H, MARTELL A E. Structurally defined catalysts for enantioselective oxidative coupling reactions [J]. Angewandte Chemie, 2003, 115 (48): 6190-6194.

[128] KANG S K, KIM J S, YOON S K, et al. Copper-catalyzed coupling of polymer bound iodide with organostannanes [J]. Tetrahedron Letters, 1998, 39 (19): 3011-3012.

[129] KANG S K, KIM W Y, JIAO X. Copper-catalyzed cross-coupling of 1-iodoalkynes with organostannanes [J]. Synthesis, 1998 (9): 1252-1254.

[130] LI J H, TANG B X, TAO L M, et al. Reusable copper-catalyzed cross-coupling reactions of aryl halides with organotins in inexpensive ionic liquids [J]. The Journal of Organic Chemistry, 2006, 71 (19): 7488-7490.

[131] YU C M, KWEON J H, HO P S, et al. Copper-catalyzed cross- and carbonylative coupling reactions of alkynyliodonium salts with organoboronic acids and organostannanes [J]. Synlett, 2005, 37 (17): 2631-2634.

[132] OKURO K, FURUUNE M, MIURA M, et al. Copper-catalyzed coupling reaction of aryl and vinyl halides with terminal alkynes [J]. Tetrahedron Letters, 1992, 33 (37): 5363-5364.

[133] GUANJ T, YU G A, CHEN L, et al. CuI/PPh$_3$-catalyzed Sonogashira coupling reaction of aryl iodides with terminal alkynes in water in the absence of palladium [J]. Applied Organometallic Chemistry, 2009, 23 (2): 75-77.

[134] CHEN G, ZHU X, CAI J, et al. Palladium-free copper-catalyzed coupling reaction of aryl iodides and terminal acetylenes in water [J]. Synthetic Communications, 2007, 37 (8): 1355-1361.

[135] QU X, LI T, SUN P, et al. Highly effective copper-catalyzed decarboxylative coupling of aryl halides with alkynyl carboxylic acids [J]. Organic & Biomolecular Chemistry, 2011, 9 (20): 6938-6942.

[136] MA D, LIU F. CuI-catalyzed coupling reaction of aryl halides with terminal alkynes in the absence of palladium and phosphine [J]. Chemical Communications, 2004 (17):

1934-1935.

[137] JIANG H, FU H, QIAO R, et al. Palladium-free copper-catalyzed sonogashira cross-coupling at room temperature [J]. Synthesis, 2008, 15: 2417-2426.

[138] WU M, MAO J, GUO J, et al. The use of a bifunctional copper catalyst in the cross-coupling reactions of aryl and heteroaryl halides with terminal alkynes [J]. European Journal of Organic Chemistry, 2008, 23: 4050-4054.

[139] MONNIER F, TURTAUT F, DUROURE L, et al. Copper-catalyzed sonogashira-type reactions under mild palladium-free conditions [J]. Organic Letters, 2008, 10 (15): 3203-3206.

[140] THAKUR K G, JASEER E A, NAIDU A B, et al. An efficient copper(I) complex-catalyzed Sonogashira type cross-coupling of aryl halides with terminal alkynes [J]. Tetrahedron Letters, 2009, 50 (24): 2865-2869.

[141] THAKUR K G, SEKAR G. Copper (I)-catalyzed caryl-calkynyl bond formation of aryl iodides with terminal alkynes [J]. Synthesis, 2009, 16: 2785-2789.

[142] LIN C H, WANG Y J, LEE C F. Efficient copper-catalyzed cross-coupling reaction of alkynes with aryl iodides [J]. European Journal of Organic Chemistry, 2010, 23: 4368-4371.

[143] PRIYADARSHINI S, JOSEPH P J A, SRINIVAS P, et al. Bis(μ-iodo) bis((-)-sparteine) dicopper (I)-catalyzed Sonogashira-type reaction under palladium and phosphine-free conditions [J]. Tetrahedron Letters, 2011, 52 (14): 1615-1618.

[144] WANG B B, YE Y M, CHEN J J, et al. 2,2′-Diamino-6,6′-dimethylbiphenyl as an efficient ligand in the CuI-catalyzed Sonogashira reaction of aryl iodides and bromides with terminal alkynes [J]. Bulletin of the Chemical Society of Japan, 2011, 84 (5): 526-530.

[145] YASUKAWA T, MIYAMURA H, KOBAYASHI S. Copper-catalyzed, aerobic oxidative cross-coupling of alkynes with arylboronic acids: Remarkable selectivity in 2,6-lutidine media [J]. Organic & Biomolecular Chemistry, 2011, 9 (18): 6208-6210.

[146] ZHAO D, GAO C, SU X, et al. Copper-catalyzed decarboxylative cross-coupling of alkynyl carboxylic acids with aryl halides [J]. Chemical Communications, 2010, 46 (47): 9049-9051.

[147] PAN D, ZHANG C, DING S, et al. Phosphane-free copper-catalyzed decarboxylative coupling of alkynyl carboxylic acids with aryl halides under aerobic conditions [J]. European Journal of Organic Chemistry, 2011, 25: 4751-4755.

[148] LI J H, WANG D P, XIE Y X. CuI/Dabco as a highly active catalytic system for the Heck-type reaction [J]. Tetrahedron Letters, 2005, 46 (30): 4941-4944.

[149] BESSELIÈVRE F, PIGUEL S, MAHUTEAU-BETZER F, et al. Stereoselective direct copper-catalyzed alkenylation of oxazoles with bromoalkenes [J]. Organic Letters, 2008, 10 (18): 4029-4032.

[150] LU X, LI J, WANG J, et al. Cu-catalyzed cross-coupling reactions of vinyl epoxide with organoboron compounds: Access to homoallylic alcohols [J]. RSC Advances, 2018, 8 (72): 41561-41565.

[151] OISHI M, KONDO H, AMII H. Aromatic trifluoromethylation catalytic in copper [J].

Chemical Communications, 2009 (14): 1909-1911.

[152] WENG Z, LEE R, JIA W, et al. Cooperative effect of silver in copper-catalyzed trifluoromethylation of aryl iodides using Me_3SiCF_3 [J]. Organometallics, 2011, 30 (11): 3229-3232.

[153] HAFNER A, BRAESE S. Efficient trifluoromethylation of activated and non-activated alkenyl halides by using (trifluoromethyl) trimethylsilane [J]. Advanced Synthesis & Catalysis, 2011, 353 (16): 3044-3048.

[154] CHU L, QING F L. Copper-mediated aerobic oxidative trifluoromethylation of terminal alkynes with Me_3SiCF_3 [J]. Journal of the American Chemical Society, 2010, 132 (21): 7262-7263.

[155] KNAUBER T, ARIKAN F, RÖSCHENTHALER G V, et al. Copper-catalyzed trifluoromethylation of aryl iodides with potassium (trifluoromethyl) trimethoxyborate [J]. Chemistry-A European Journal, 2011, 17 (9): 2689-2697.

[156] KONDO H, OISHI M, FUJIKAWA K, et al. Copper-catalyzed aromatic trifluoro-methylation via group transfer from fluoral derivatives [J]. Advanced Synthesis & Catalysis, 2011, 353 (8): 1247-1252.

[157] LI Y, CHEN T, WANG H, et al. A ligand-free copper-catalyzed decarboxylative trifluoromethylation of aryliodides with sodium trifluoroacetate using Ag_2O as a promoter [J]. Synlett, 2011, 12: 1713-1716.

[158] XU J, LUO D F, XIAO B, et al. Copper-catalyzed trifluoromethylation of aryl boronic acids using a CF^{3+} reagent [J]. Chemical Communications, 2011, 47 (14): 4300-4302.

[159] LIU T, SHEN Q. Copper-catalyzed trifluoromethylation of aryl and vinyl boronic acids with an electrophilic trifluoromethylating reagent [J]. Organic Letters, 2011, 13 (9): 2342-2345.

[160] HUANG Y, FANG X, LIN X, et al. Room-temperature base-free copper-catalyzed trifluoromethylation of organotrifluoroborates to trifluoromethylarenes [J]. Tetrahedron, 2012, 68 (48): 9949-9953.

[161] ZHENG H, HUANG Y, WANG Z, et al. Synthesis of trifluoromethylated acetylenes via copper-catalyzed trifluoromethylation of alkynyltrifluoroborates [J]. Tetrahedron Letters, 2012, 53 (49): 6646-6649.

[162] SUN T Y, WANG X, GENG H, et al. Why does Togni's reagent I exist in the high-energy hypervalent iodine form? Re-evaluation of benziodoxole based hypervalent iodine reagents [J]. Chemical Communications, 2016, 52 (31): 5371-5374.

[163] POPOV I, LINDEMAN S, DAUGULIS O. Copper-catalyzed arylation of 1-H-perfluoroalkanes [J]. Journal of the American Chemical Society, 2011, 133 (24): 9286-9289.

[164] PRESSET M, OEHLRICH D, ROMBOUTS F, et al. Copper-mediated radical trifluoro-methylation of unsaturated potassium organotrifluoroborates [J]. The Journal of Organic Chemistry, 2013, 78 (24): 12837-12843.

[165] LI X, ZHAO J, ZHANG L, et al. Copper-mediated trifluoromethylation using phenyl trifluoromethyl sulfoxide [J]. Organic Letters, 2014, 17 (2): 298-301.

[166] ULLMANN F. Ueber acridinsynthesen aus aldehyden und aromatischen basen [J]. Berichte der Deutschen Chemischen Gesellschaft, 1903, 36 (1): 1017-1027.

[167] GOLDBERG I. Ueber phenylirungen bei gegenwart von kupfer als katalysator [J]. Berichte der Deutschen Chemischen Gesellschaft, 1906, 39 (2): 1691-1692.

[168] LINDLEY J. Tetrahedron report number 163: Copper assisted nucleophilic substitution of aryl halogen [J]. Tetrahedron, 1984, 40 (9): 1433-1456.

[169] NEGISHI E I, ANASTASIA L. Palladium-catalysed alkynylation [J]. Chemical Reviews, 2003, 103: 1979-2018.

[170] MIYAURA N, SUZUKI A. Palladium-catalyzed cross-coupling reactions of organoboron compounds [J]. Chemical Reviews, 1995, 95 (7): 2457-2483.

[171] CHINCHILLA R, NÁJERA C. The Sonogashira reaction: A booming methodology in synthetic organic chemistry [J]. Chemical Reviews, 2007, 107 (3): 874-922.

[172] YOKOTA T, TANI M, SAKAGUCHI S, et al. Direct coupling of benzene with olefin catalyzed by Pd(OAc)$_2$ combined with heteropolyoxometalate under dioxygen [J]. Journal of the American Chemical Society, 2003, 125 (6): 1476-1477.

[173] BOELE M D K, VAN STRIJDONCK G P F, DE VRIES A H M, et al. Selective Pd-catalyzed oxidative coupling of anilides with olefins through C—H bond activation at room temperature [J]. Journal of the American Chemical Society, 2002, 124 (8): 1586-1587.

[174] LI J J, MEI T S, YU J Q. Synthesis of indolines and tetrahydroisoquinolines from arylethylamines by Pd^{II}-catalyzed C—H activation reactions [J]. Angewandte Chemie International Edition, 2008, 47 (34): 6452-6455.

[175] THU H Y, YU W Y, CHE C M. Intermolecular amidation of unactivated sp^2 and sp^3 C—H bonds via palladium-catalyzed cascade C—H activation/nitrene insertion [J]. Journal of the American Chemical Society, 2006, 128 (28): 9048-9049.

[176] NG K H, CHAN A S C, YU W Y. Pd-Catalyzed Intermolecular ortho-C—H Amidation of Anilides by N-Nosyloxycarbamate [J]. Journal of the American Chemical Society, 2010, 132 (37): 12862-12864.

[177] XIAO B, GONG T J, XU J, et al. Palladium-catalyzed intermolecular directed C—H amidation of aromatic ketones [J]. Journal of the American Chemical Society, 2011, 133 (5): 1466-1474.

[178] GURAK JR J A, YANG K S, LIU Z, et al. Directed, regiocontrolled hydroamination of unactivated alkenes via protodepalladation [J]. Journal of the American Chemical Society, 2016, 138 (18): 5805-5808.

[179] FRITSKY I O, KOZLOWSKI H, SADLER P J, et al. Template synthesis of square-planar nickel (II) and copper (III) complexes based on hydrazide ligands [J]. Journal of the Chemical Society-Dalton Transactions, 1998: 3269-3274.

[180] LO S M, CHUI S S, SHEK L Y, et al. Solvothermal synthesis of a stable coordination polymer with copper-I-copper-II dimer units: [Cu$_4$ {1, 4-C$_6$H$_4$(COO)$_2$}$_3$(4, 4′-bipy)$_2$]$_n$ [J]. Journal of the American Chemical Society, 2000, 122 (26): 6293-6294.

［181］ HE J, YIN Y, WU T, et al. Design and solvothermal synthesis of luminescent copper（Ⅰ）-pyrazolate coordination oligomer and polymer frameworks ［J］. Chemical Communications, 2006: 2845-2847.

［182］ XIA M, LIU J, GAO Y, et al. Synthesis and photophysical and electrochemical study of tyrosine covalently linked to high-valent copper（Ⅲ）and manganese（Ⅳ）complexes ［J］. Helvetica Chimica Acta, 2007, 90（3）: 553-561.

［183］ ZHAO Z, YU R, WU X, et al. One-pot synthesis of two new copper（Ⅰ）coordination polymers: In situ formation of different ligands from 4-aminotriazole ［J］. CrystEngComm, 2009, 11（11）: 2494-2499.

［184］ DRABINA P, FUNK P, RŮŽICKA A, et al. Synthesis, copper（Ⅱ）complexes and catalytic activity of substituted 6-（1,3-oxazolin-2-yl）pyridine-2-carboxylates ［J］. Transition Metal Chemistry, 2010, 35（3）: 363-371.

［185］ NEUBA A, ORTMEYER J, KONIECZNA D D, et al. Synthesis of new copper（Ⅰ）based linear 1D-coordination polymers with neutral imidazolinium-dithiocarboxylate ligands ［J］. RSC Advances, 2015, 5（12）: 9217-9220.

［186］ GUCHHAIT T, BARUA B, BISWAS A, et al. Synthesis and structural characterization of silver（Ⅰ）, copper（Ⅰ）coordination polymers and a helicate palladium（Ⅱ）complex of dipyrrolylmethane-based dipyrazole ligands: The effect of meso substituents on structural formation ［J］. Dalton Transactions, 2015, 44（19）: 9091-9102.

［187］ SUN Y, LEMAUR V, BELTRAN J I, et al. Neutral mononuclear copper（Ⅰ）complexes: Synthesis, crystal structures, and photophysical properties ［J］. Inorganic Chemistry, 2016, 55（12）: 5845-5852.

［188］ ZHANG S, BIE W. Isolation and characterization of copper（Ⅲ）trifluoromethyl complexes and reactivity studies of aerobic trifluoromethylation of arylboronic acids ［J］. RSC Advances, 2016, 6（75）: 70902-70906.

［189］ 罗勤慧. 配位化学 ［M］. 北京: 科学出版社, 2012: 40-50.

［190］ 刘伟生. 配位化学 ［M］. 2版. 北京: 化学工业出版社, 2019: 167-171.

［191］ LI J H, LIU W J, XIE Y X. Recyclable and reusable Pd（OAc）$_2$/DABCO/PEG-400 system for Suzuki-Miyaura cross-coupling reaction ［J］. The Journal of Organic Chemistry, 2005, 70（14）: 5409-5412.

［192］ LI J H, ZHU Q M, XIE Y X. Pd（OAc）$_2$/DABCO-catalyzed Suzuki-Miyaura cross-coupling reaction in DMF ［J］. Tetrahedron, 2006, 62（47）: 10888-10895.

［193］ TRUONG T, NGUYEN C K, TRAN T V, et al. Nickel-catalyzed oxidative coupling of alkynes and arylboronic acids using the metal-organic framework Ni$_2$（BDC）$_2$（DABCO）as an efficient heterogeneous catalyst ［J］. Catalysis Science & Technology, 2014, 4（5）: 1276-1285.

［194］ SHELDON R A. Organic synthesis-past, present and future ［J］. Chemistry and Industry, 1992, 23: 903-906.

［195］ HANESSIAN S, PHAM V. Catalytic asymmetric conjugate addition of nitroalkanes to cycloalkenones ［J］. Organic Letters, 2000, 2（19）: 2975-2978.

［196］HANESSIAN S, SHAO Z, WARRIER J S. Optimization of the catalytic asymmetric addition of nitroalkanes to cyclic enones with *trans*-4,5-methano-*L*-proline ［J］. Organic Letters, 2006, 8 (21): 4787-4790.

［197］TSOGOEVA S B, JAGTAP S B, ARDEMASOVA Z A. 4-*trans*-Amino-proline based di- and tetrapeptides as organic catalysts for asymmetric C—C bond formation reactions ［J］. Tetrahedron: Asymmetry, 2006, 17 (6): 989-992.

［198］FUJITA K, WADA T, SHIRAISHI T. Reversible interconversion between 2,5-dimethyl-pyrazine and 2,5-dimethylpiperazine by iridium-catalyzed hydrogenation/dehydrogenation for efficient hydrogen storage ［J］. Angewandte Chemie International Edition, 2017, 56 (36): 10886-10889.

［199］NIKBIN N, MARK LADLOW A, LEY S V. Continuous flow ligand-free Heck reactions using monolithic Pd［0］ nanoparticles ［J］. Organic Process Research & Development, 2007, 11 (3): 458-462.

附　　录

附录1　部分化学品危险性指标汇总表

化学品	GHS 分类	健康危害	环境危害
CuCl	急性经口毒性　类别4 危害水生环境（急性危险）类别1 危害水生环境（长期危险）类别1	吞咽有害	对水生生物毒性极大，并具有长期持续影响
CuBr	急性经口毒性　类别4 皮肤腐蚀/刺激　类别2 严重眼损伤/眼刺激　类别1 危害水生环境（急性危险）类别1 危害水生环境（长期危险）类别1	吞咽有害；造成皮肤刺激；造成严重眼损伤	对水生生物毒性极大，并具有长期持续影响
CuI	急性经口毒性　类别4 皮肤腐蚀/刺激　类别2 皮肤致敏物　类别1A 严重眼损伤/眼刺激　类别1 特异性靶器官毒性（反复接触）类别1 危害水生环境（急性危险）类别1 危害水生环境（长期危险）类别2	吞咽有害；造成皮肤刺激；可能导致皮肤过敏反应；造成严重眼损伤；长期或反复接触会对器官造成伤害	对水生生物毒性极大，并具有长期持续影响
Cu_2O	急性经口毒性　类别4 严重眼损伤/眼刺激　类别1 急性吸入毒性　类别4 危害水生环境（急性危险）类别1 危害水生环境（长期危险）类别1	吞咽有害；造成严重眼损伤；吸入有害	对水生生物毒性极大，并具有长期持续影响

化学品	GHS 分类	健康危害	环境危害
CuCN	急性经口毒性 类别2 急性经皮肤毒性 类别1 急性吸入毒性 类别2 危害水生环境（长期危险）类别1	吞咽致命；皮肤接触致命；吸入致命	对水生生物毒性极大，并具有长期持续影响
$Cu(OAc)_2$	急性经口毒性 类别4 皮肤腐蚀/刺激 类别1B 严重眼损伤/眼刺激 类别1 危害水生环境（急性危险）类别1 危害水生环境（长期危险）类别2	吞咽有害；造成严重皮肤灼伤和眼损伤	对水生生物毒性极大，并具有长期持续影响
CuOAc	皮肤腐蚀/刺激 类别2 严重眼损伤/眼刺激 类别2 特异性靶器官毒性（一次接触）类别3	造成皮肤刺激；造成严重眼刺激；可引起呼吸道刺激	污染水源
CuSCN	危害水生环境（急性危险）类别1 危害水生环境（长期危险）类别1	无资料	对水生生物毒性极大，并具有长期持续影响
1,10-邻二氮杂菲	急性经口毒性 类别3 危害水生环境（急性危险）类别1 危害水生环境（长期危险）类别1	吞咽会中毒	对水生生物毒性极大，并具有长期持续影响
3,4,7,8-四甲基-1,10-邻二氮杂菲	急性经口毒性 类别4 急性经皮肤毒性 类别4 皮肤腐蚀/刺激 类别2 严重眼损伤/眼刺激 类别2 急性吸入毒性 类别4 特异性靶器官毒性（一次接触）类别3	吞咽有害；皮肤接触有害；造成皮肤刺激；造成严重眼刺激；吸入有害；可引起呼吸道刺激	污染水源

续表

化学品	GHS 分类	健康危害	环境危害
二甲基乙二胺	易燃液体 类别3 皮肤腐蚀/刺激 类别1B	造成严重皮肤灼伤和眼损伤	污染水源
N,N'-乙二胺	易燃液体 类别3 急性经口毒性 类别4 急性经皮肤毒性 类别4 皮肤腐蚀/刺激 类别1B 皮肤致敏物 类别1 呼吸道致敏物 类别1	吞咽有害；皮肤接触有害；造成严重皮肤灼伤和眼损伤；可能导致皮肤过敏反应；吸入可能导致过敏	污染水源
4-二甲基氨基吡啶	急性经口毒性 类别3 急性经皮肤毒性 类别2 皮肤腐蚀/刺激 类别2 严重眼损伤/眼刺激 类别1 特异性靶器官毒性（一次接触）类别1 危害水生环境（长期危险）类别2	吞咽会中毒；皮肤接触致命；造成皮肤刺激；造成严重眼损伤；吸入会中毒；对器官造成损害	对水生生物有毒，并具有长期持续影响
反式-1,2-环己二胺	皮肤腐蚀/刺激 类别1B	造成严重皮肤灼伤和眼损伤	污染水源
N,N-二甲基乙醇胺	易燃液体 类别3 急性经口毒性 类别4 急性经皮肤毒性 类别4 皮肤腐蚀/刺激 类别1B 急性吸入毒性 类别4	吞咽有害；皮肤接触有害；造成严重皮肤灼伤和眼损伤；吸入有害	污染水源
2-异丁酰基环己酮	急性经口毒性 类别4 严重眼损伤/眼刺激 类别2	吞咽有害；造成严重眼刺激	污染水源
1,1'-联-2-萘酚	急性经口毒性 类别3 严重眼损伤/眼刺激 类别2	吞咽有害；造成严重眼刺激	污染水源
乙二酸二酰肼	无危害分类	造成皮肤刺激；造成严重眼刺激；可引起呼吸道刺激	污染水源

附录 2　中英文缩写对照表

中文名称	英文缩写
X 射线单晶衍射	Single crystal-XRD
X 射线粉末衍射	XRPD
热重分析仪	TGA
高效液相色谱法	HPLC
液质联用仪	LC-MS
核磁共振波谱法	NMR
元素分析	Elem. Anal.
薄层色谱法	TLC

附录 3 样品核磁共振谱图

1-ethoxy-4-(*p*-tolylethynyl)-benzene(2-3a)

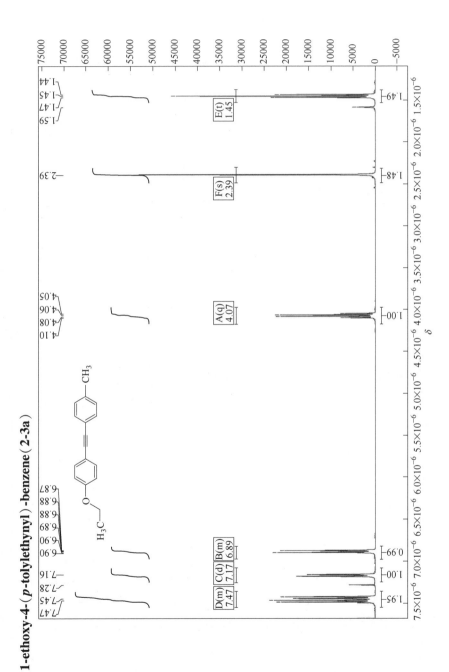

1-ethyl-4-((4-methoxyphenyl)-ethynyl)-benzene(2-3b)

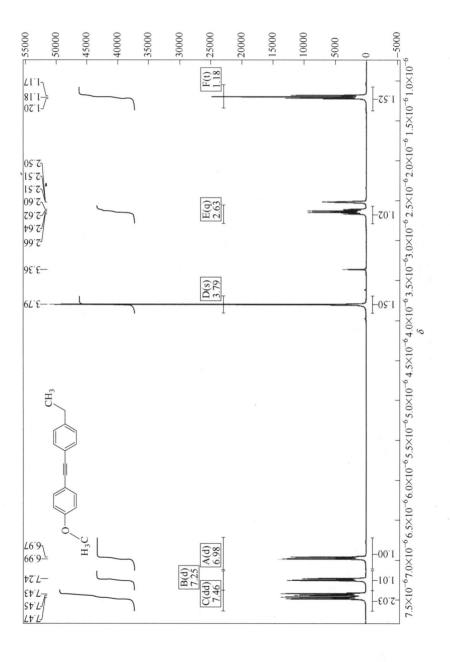

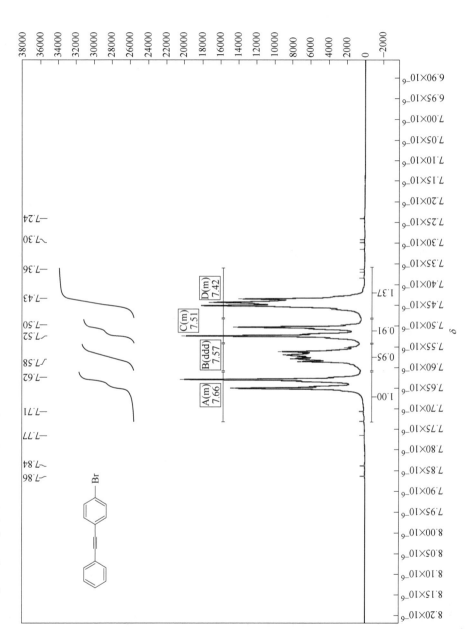

1-bromo-4-(phenylethynyl)-benzene(2-3c)

1,2-diphenylethyne（2-3d）

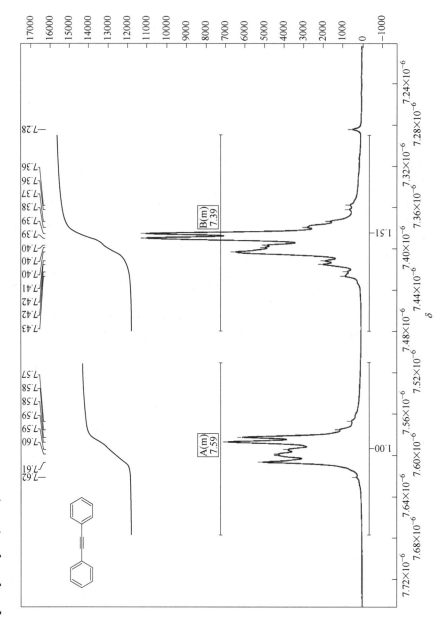

diphenyl(*p*-tolyl)-phosphane(3-3a)

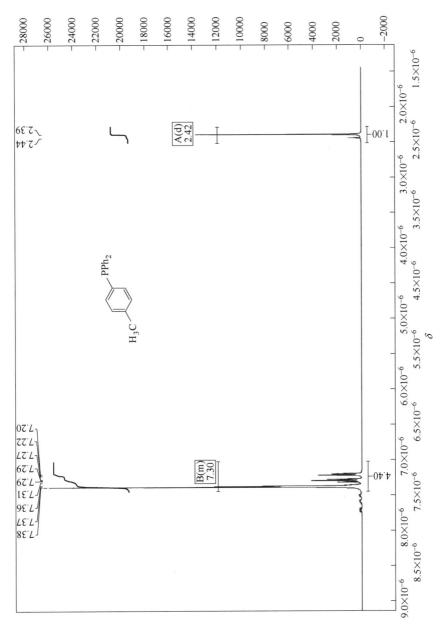

diphenyl(*o*-tolyl)-phosphane(3-3b)

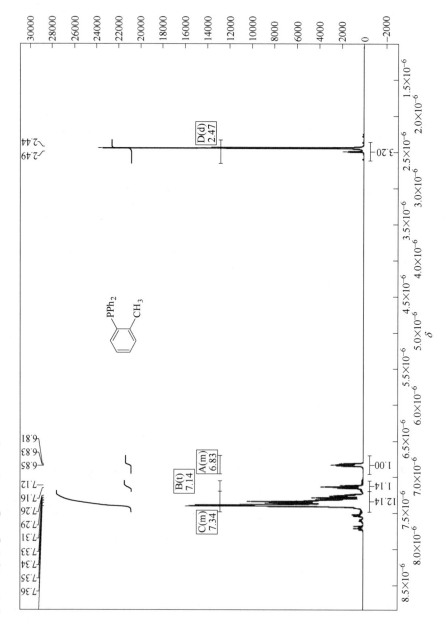

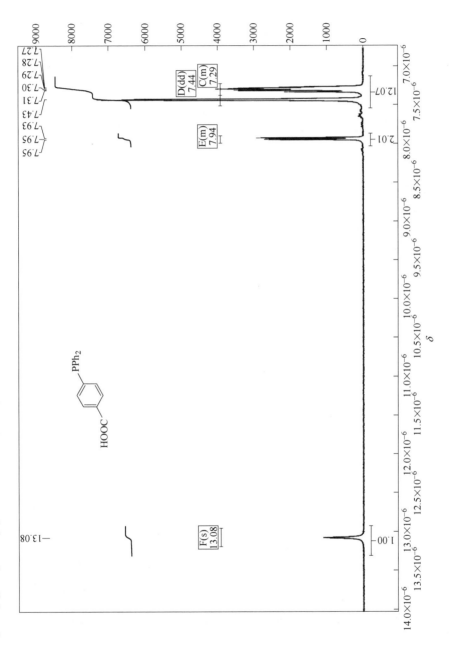

4-(diphenylphosphaneyl)-benzoic acid(3-3c)

2-(diphenylphosphaneyl) benzoic acid (3-3d)

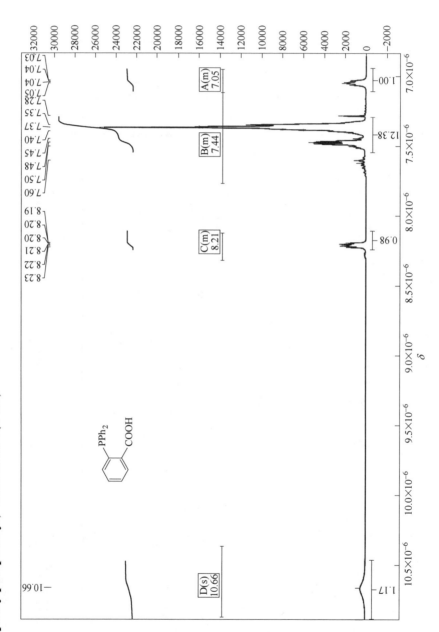

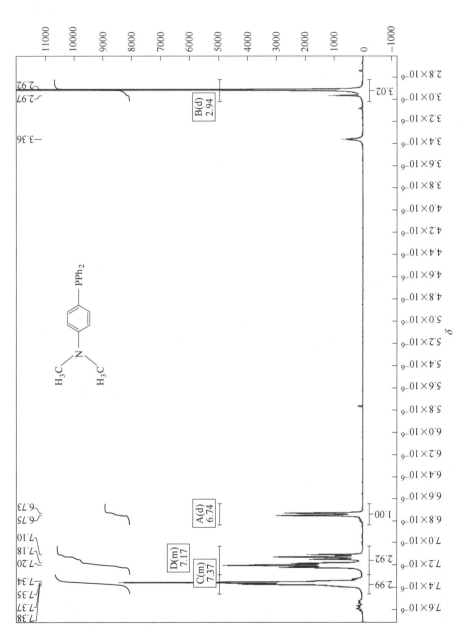

4-(diphenylphosphaneyl)-*N*,*N*-dimethylaniline(3-3e)

[1,1'-biphenyl] -2-yldiphenylphosphane (3-3f)

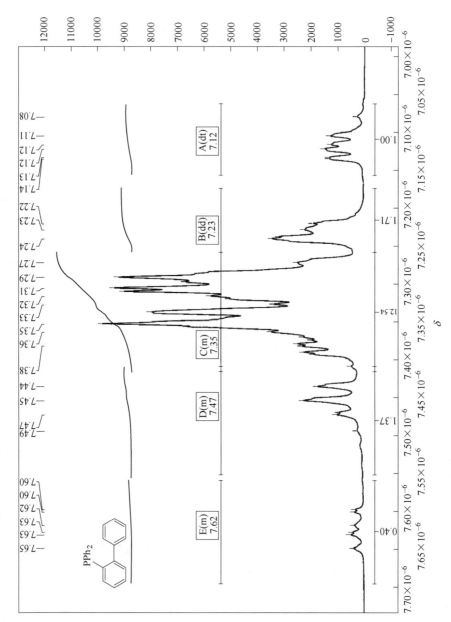

2-nitro-*N*-phenylaniline（4-3a）

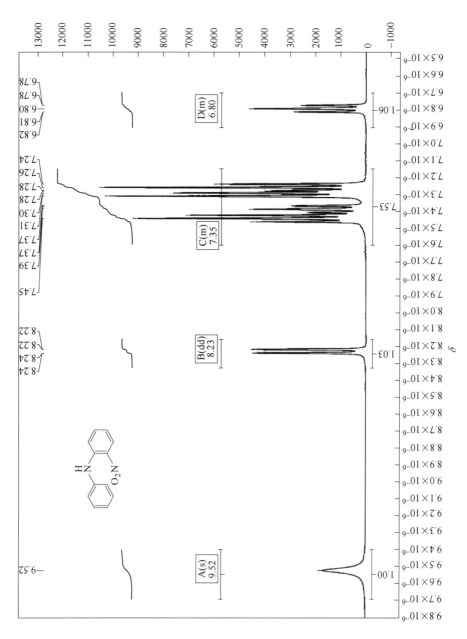

4-nitro-*N*-phenylaniline（4-3b）

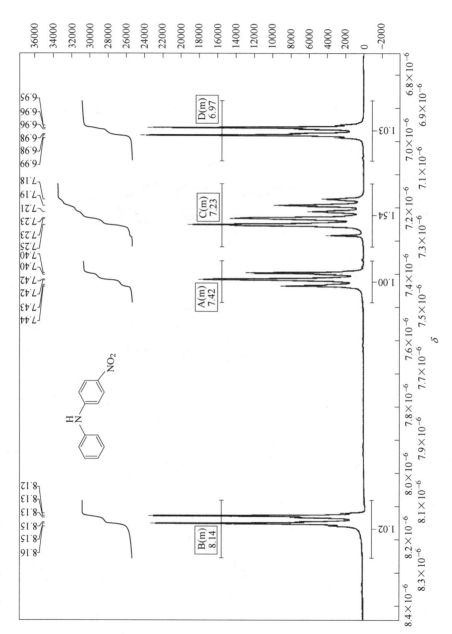

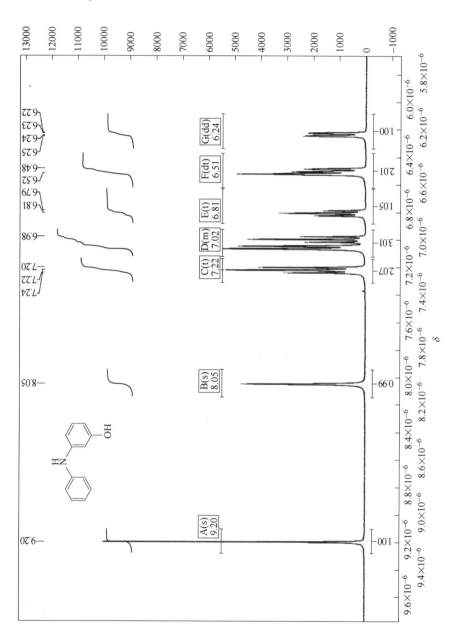

3-（phenylamino）-phenol（4-3c）

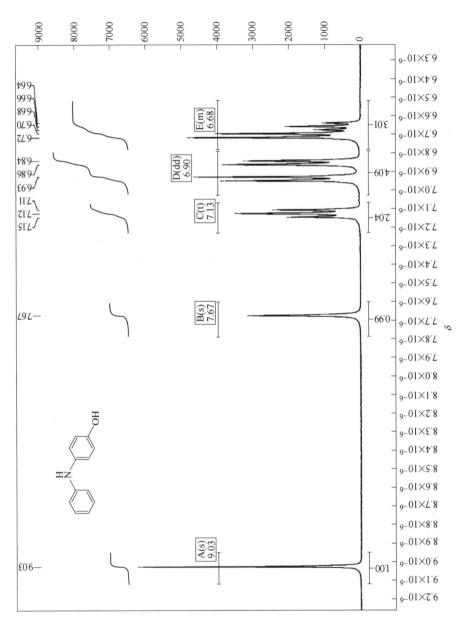

4-(phenylamino)-phenol(4-3d)

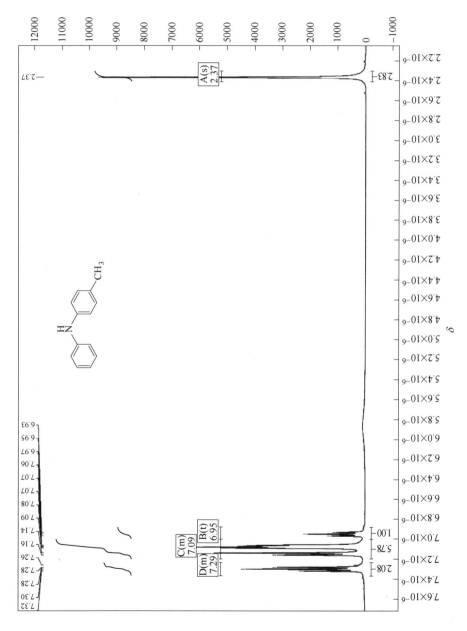

4-methyl-*N*-phenylaniline（4-3e）

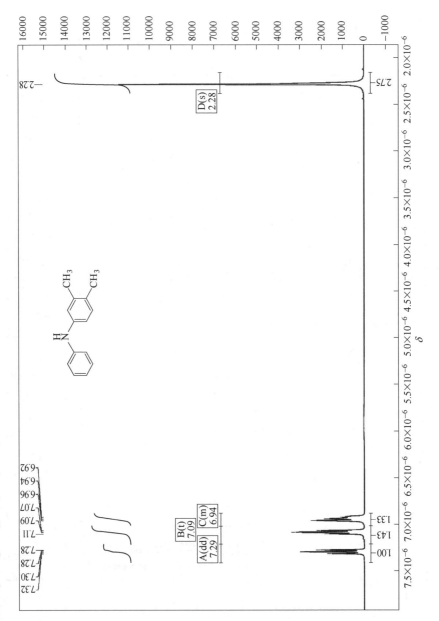

3, 4-dimethyl-N-phenylaniline (4-3f)

3-methoxy-*N*-phenylaniline（4-3g）

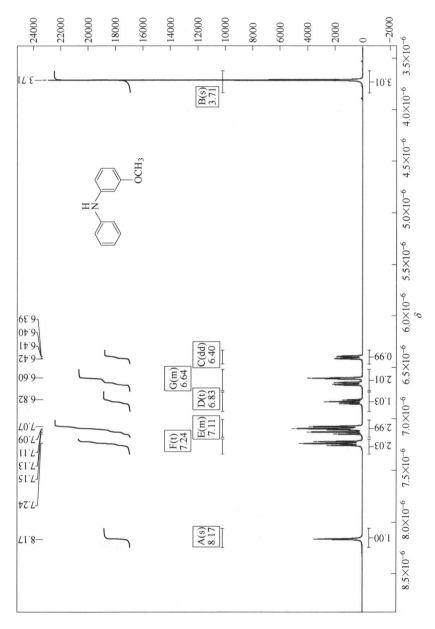

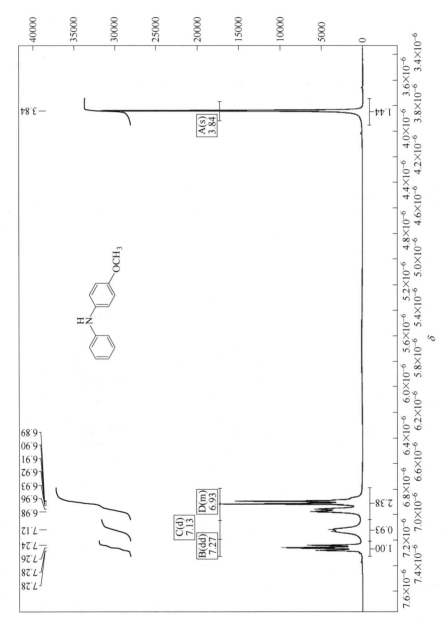

4-methoxy-*N*-phenylaniline（4-3h）

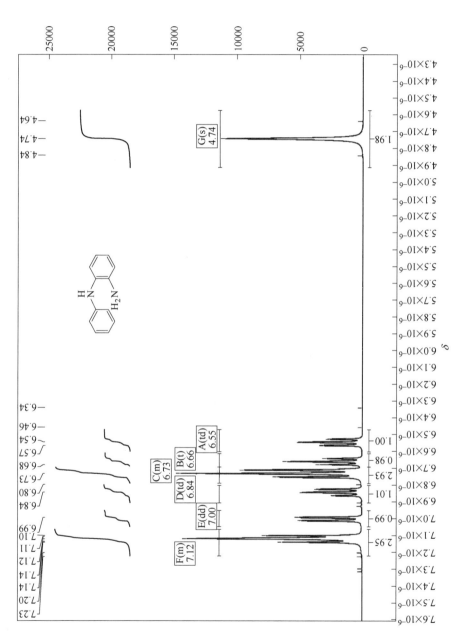

N^1-phenylbenzene-1,2-diamine（4-3i）